VERSAILLES

LA VILLE, LE CHÂTEAU, LES TRIANONS

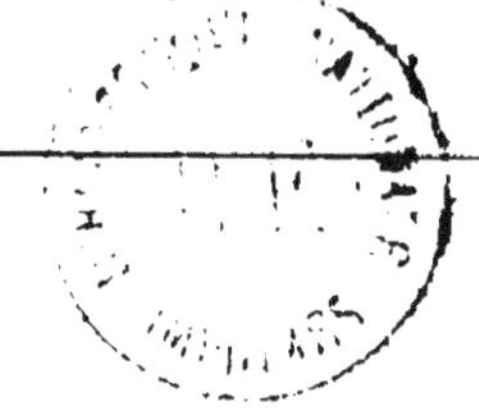

COMMUNICATIONS

ENTRE PARIS ET VERSAILLES

n peut se rendre de Paris à Versailles, soit par le chemin de fer de ɹest (gares Saint-Lazare ou Montparnasse), soit par le tramway à air ·primé, partant du quai du Louvre.

De Paris-Saint-Lazare à Versailles-Rive Droite. — 23 k. en 35 min. à nin.; pas de 3e cl.; 1re cl., 1 fr. 50; 2e cl., 1 fr. 15; aller et ret. 3 fr. et ·. 30, donnant droit au ret. par la rive g. (Montparnasse); 2 à 3 trains · h. (consulter l'*Indicateur*). — *N. B.* Les gares du chemin de fer de etite-Ceinture délivrent des billets directs pour Versailles-Rive droite, vec corresp. à la gare Saint-Lazare.

2° **De Paris-Montparnasse à Versailles-Rive gauche.** — 18 k. en 38 min.; pas de 3e cl.; 1re cl., 1 fr. 35; 2e cl., 90 c.; aller et ret., 2 fr. 70 et 1 fr. 80, ne donnant pas droit au ret. par la rive dr. (Saint-Lazare); 1 à 2 trains par h. (*V.* l'*Indicateur*). — *N. B.* Les gares du chemin de fer de Petite-Ceinture délivrent des billets directs pour Versailles-Rive gauche, avec corresp. à la gare de Ouest-Ceinture.

3° **Tramway à air comprimé du Louvre à Versailles.** — 19 k. Cie générale des Omnibus; trajet en 1 h. 30; intérieur, 1 fr.; impériale (couverte), 85 c. — Le tramway part toutes les h. 35 du quai du Louvre, entre le Pont-Neuf et le Pont des Arts. Il suit dans Paris les quais de la rive dr. et l'Avenue de Versailles. On peut le prendre sur le parcours, mais seulement, dans Paris, aux arrêts suivants, indiqués par des écriteaux : Pont des Saints-Pères (place du Carrousel), Pont Royal, Place de la Concorde, Pont des Invalides, Place de l'Alma, Quai de Billy (Manutention), Pont d'Iéna (Trocadéro, Champ de Mars), Passerelle de Passy, Pont de Grenelle, Pont Mirabeau, Point du Jour (Bateaux Parisiens et chemin de fer de Ceinture) et Porte de Saint-Cloud.

EXCURSIONS COOK. — L'agence Cook organise des excursions bi-hebdomadaires à Versailles; ses voitures quittent les bureaux de l'agence, 1, place de l'Opéra, les mardis et vendredis à 10 h. du mat., et suivent l'itinéraire ci-après : Saint-Augustin, Parc Monceau, Arc-de-Triomphe, Bois de Boulogne, les Lacs, la grande Cascade, le champ de courses de Longchamp, vue du Mont-Valérien, ville et parc de Saint-Cloud, Montretout. bois de Ville-d'Avray, avenue de Picardie, boulevard de la Reine, Grand-Trianon. — Arrêt pour le lunch. — Visite du Château, des Musées et du Parc de Versailles. Retour par l'avenue de Paris, Viroflay, Chaville, Sèvres, Billancourt, le Trocadéro, le Cours-la-Reine et la place de la Concorde, pour arriver place de l'Opéra vers 5 h. 30 du s. Prix : 10 fr., lunch non compris. — Pendant l'été, service spécial par mail-coach (jours de départ affichés à l'agence); prix, 15 fr.; box seat, 20 fr.

RENSEIGNEMENTS PRATIQUES

Omnibus : — 30 c. par place (omn. spéciaux pour le Château à l'arrivée des trains, surtout à la gare de la rive droite).

Hôtels et restaurants. — QUARTIER NOTRE-DAME (gare rive dr.) : *des Réservoirs* *, rue des Réservoirs, 9, 11 et 11 *bis*, en face de la rue Carnot (appartements meublés; au fond de la cour, porte ouvrant dans le parc; le passage est libre; repas, 5 et 6 fr. et à la carte); —*Vatel* *, rue des Réservoirs, 38, et boulevard de la Reine, 16 (appartements meublés; restaurant à la carte et à prix fixe; pens. pour familles); — *Suisse*, rue Pétigny, 3; — *de France*, rue Colbert, 5, place d'Armes (déj., 3 fr.; din., 3 fr. 50); — *restaurant de Londres*, rue Colbert, 7, place d'Armes (repas à 2 fr., 2 fr. 50 et 3 fr., une demi-bout. de vin comprise, et à la carte; genre Duval); — *restaurant Allain*, place d'Armes; — *café-restaurant de la Place d'Armes*, avenue de Saint-Cloud, 1 (déj., 2 fr. 50; din., 3 fr.); — *hôtel et restaurant de la Tête-Noire*, rue Duplessis, 38, à côté de la gare de la rive dr.; — *restaurant Continental du Café Anglais*, rue Duplessis, 49, en face la gare de la rive dr.; — *café-restaurant Bresnu*, rue Duplessis, 47; — *hôtel du Sabot-d'Or*, avec restaurant et café, rue Duplessis, 23, près du Marché neuf (repas, 2 fr. 50 et 3 fr. 50); — *hôtel-restaurant de la Grande-Fontaine*, rue de la Paroisse, 63; — *café-restaurant de la Place Hoche*, place Hoche, 4 (déj. dep. 2 fr. et 2 fr. 50; din. dep. 3 fr. et 3 fr. 50, vin compris, et à la carte); — *café-restau-*

rant Notre-Dame, rue Hoche, au coin de la place; — *restaurant de Neptune*, rue des Réservoirs, en face le théâtre (repas à la carte); — *café-restaurant des Réservoirs*, rue des Réservoirs, 19, à l'angle de la rue de la Paroisse; — *hôtel-restaurant du Cheval-Rouge*, rue André-Chénier, 18, près du marché; — *hôtel du Rocher-de-Cancale*, rue Colbert, n° 9 (7 fr. 50 par j.), — *hôtel du Cheval-Blanc*, rue Royale, n° 2 (din., 3 fr.); — restaurants *Au Chien qui fume* et *Au Chat qui prise* (à la carte; cuisine de choix), tous deux place du Marché.

QUARTIER SAINT-LOUIS (gare rive g.) : *hôtel de la Chasse et d'Elbeuf*, rue de la Chancellerie, 6, place d'Armes (ch. et appartements meublés; repas à la carte).

Cafés : — *Anglais*, *Bresnu*, *du Globe*, vis-à-vis de la gare de la rive dr.; — *de la Place d'Armes*, place d'Armes; — *Pierson*, avenue de Sceaux, 14; — *de Bellevue*, rue Royale, 3; — *Satory* (restaurant et glacier), rue Satory, 1, et avenue de Sceaux; — *des Tribunaux et de la Préfecture*, rue Saint-Pierre; — *de l'Union*, rue des Réservoirs, 19; — *brasserie Muller*, rue Carnot, 44, et avenue de Saint-Cloud, 23; — *brasserie Moderne*, rue Carnot, 45; etc.

Poste et télégraphe : — rue Saint-Julien, 2 (bureau principal), rue de Jouvencel (Préfecture), rue Duplessis (Notre-Dame), ouverts de 7 h. du mat. l'été et de 8 h. du mat. l'hiver à 9 h. du s., jusqu'à minuit pour le télégraphe.

Bains : — *Notre-Dame*, rue de la Paroisse, 57; — *Saint-Louis*, avenue de Sceaux, 8.

Marché : — mardi, vendredi et dimanche.

Foires : 1er mai (7 j.), 25 août (7 j.), 9 octobre (7 j.).

Tir : — au Stand, dans la plaine du Mail, route de Saint-Cyr (23 cibles de 8 à 400 mètres; entrée, 25 c. pour les non-sociétaires; buffet-restaurant).

Guides : — étrangers à l'administration; reconnaissables à une plaque qu'ils portent sur la poitrine, avec un numéro et l'indication du tarif, 1 fr. par heure. Ils entrent dans le Musée, *mais y sont absolument inutiles*. — On les trouve dans la cour d'honneur et devant le Château, sur le parterre.

Château, Trianons et Musées : — *Musée national*, au Château; ouvert t. l. j., excepté le lundi, de 11 h. du mat. à 5 h. du s., du 1er avril au 30 sept.; de 11 h. du mat. à 4 h. du s., du 1er octobre au 31 mars. — Les *Trianons* et les voitures de gala se voient l'été de 10 h. à 6 h.; le *village suisse* du Petit-Trianon se visite jusqu'à la nuit. — *Musée de la Révolution*, salle du Jeu-de-Paume, rue du Jeu-de-Paume, ouvert aux mêmes j. et h. que le Musée national. — *Parcs* et *Jardins* ouverts t. l. j. de 6 h. du mat. à 10 h. du s. en été, et jusqu'à la nuit tombante en hiver. Le jardin du Petit-Trianon est ouvert t. l. j. de 8 h. du mat. à la nuit; celui du Grand-Trianon est fermé à 6 h. du s.

Jeu des eaux : — dans la belle saison, de mai à octobre, alternativement un dimanche les *grandes eaux* et le dimanche suivant les *petites eaux*, de 4 h. 30 à 5 h. 30; petites eaux aussi le jeudi, de 4 à 6 h. Des affiches apposées aux gares Saint-Lazare et Montparnasse annoncent les dimanches de grandes eaux. — Les grandes eaux jouent dans l'ordre suivant : 1° Parterre d'eau; 2° Bassin de Latone; 3° Salle de bal; 4° Colonnade; 5° Bassin d'Apollon; 6° Bassin d'Encelade; 7° Bassin de l'Obélisque; 8° Bassin des Bains d'Apollon; 9° Allée d'eau; 10° Bassin du Dragon; 11° Bassin de Neptune.

Bibliothèque publique : — 5, rue Gambetta; ouverte t. l. j. de midi à 5 h., le dimanche jusqu'à 4 h. seulement; fermée du 15 août au 1er octobre.

Conservatoire de musique : — 7, rue Sainte-Adélaïde.

Grand-Théâtre : — rue des Réservoirs.

Salle des concerts ou théâtre des Variétés : — rue de la Chancellerie, 10.

Laboratoire agronomique : — à la Préfecture; ouvert de 10 h. à 5 h.

Cultes : — *catholique romain* : églises paroissiales Saint-Louis (cathédrale), Notre-Dame, St-Symphorien, Ste-Élisabeth; — *anglican* : église au coin de la rue Carnot et de la rue du Peintre-Lebrun; — *protestant* : temple rue Hoche, 3; — *israélite* : synagogue rue Albert-Joly, 10.

Tramways électriques (les noms en italiques indiquent les points où ont lieu les correspondances). — 1° De Glatigny à Grand-Champ, par les rues de Béthune, du Plessis, *Marché*, rue du Plessis, *avenue de Saint-Cloud*, rue Saint-Pierre, place des Tribunaux, *avenue de Paris*, avenue Thiers, avenue de Sceaux, *rue Royale*, couvent de Grand-Champ.

2° Du Rond-Point du Chesnay à la gare des Chantiers, par le

boulevard du Roi, rue des Réservoirs, rue de la Paroisse, *Marché*, rue du Plessis, *avenue de Saint-Cloud*, rue Saint-Pierre, place des Tribunaux, *avenue de Paris*, rue des Chantiers, gare des Chantiers.

3° De la grille de l'Orangerie à Glatigny, par la rue de l'Orangerie, *rue Royale*, avenue de Sceaux, avenue Thiers, *avenue de Paris*, place des Tribunaux, rue Saint-Pierre, *avenue de Saint-Cloud*, rue du Plessis, *Marché*, rue du Plessis, rue de Béthune, Glatigny.

4° De la place du Marché à l'avenue de Picardie, par le *Marché*, rue du Plessis, *avenue de Saint-Cloud*, rue de Montreuil, boulevard de Lesseps, boulevard de la République, avenue de Picardie.

N. B. — Il n'y a qu'une seule classe de voyageurs. — Prix des places : 15 c., avec correspond. 20 c.

Tramway à vapeur : — de Versailles, avenue Thiers, en face la gare de la rive g., à Saint-Cyr (Ecole militaire). Le tramway suit la rue Royale, la rue de l'Orangerie, passe entre la pièce d'eau des Suisses (à g.) et l'Orangerie (à dr.), côtoie la route de Chartres, longeant à dr. le parc de Versailles, croise l'allée des Matelots, laisse à g. la Faisanderie, le polygone du génie et la gare des Matelots, à dr. la Ménagerie, passe sur le chemin de fer de Grande-Ceinture près de la station de Saint-Cyr, et a son terminus devant l'Ecole militaire (trajet de 5 k.). — 1 dép. t. les h. en semaine, t. les demi-heures les dimanches et fêtes; 35 c. et 25 c.

Tramway à air comprimé : — de Versailles (pl. d'Armes) à Paris (quai du Louvre) : 1 fr. et 85 c. — *V.* ci-dessus, *Communications*, 3°.

Loueurs de voitures : — *Dias*, rue Carnot, 45, et rue de l'Orangerie, 60; — *Vve Fournier*, boulevard du Roi, 3; — *Sergent*, rue Colbert, 11; — *Dupré*, rue du Parc de Clagny, 41.

Voitures de place. — *Voitures à un cheval.* — Chaque course dans Versailles, y compris les deux Trianons, Glatigny, la Ménagerie, le rond-point de Viroflay, 1 fr. 25; — chaque heure, 2 fr., Satory et le parc compris. — Hors du territoire de Versailles, 2 fr. 50 l'heure, 3 fr. les dimanches et fêtes.

Voitures à deux chevaux. — Chaque course dans Versailles, suivant les limites fixées plus haut, 1 fr. 50; chaque heure, 2 fr. 50; — promenade à Satory ou dans le parc (chaque heure), 2 fr. 50. — Hors du territoire de Versailles, 3 fr. l'heure, 3 fr. 50 les dimanches et fêtes.

Tarif pour les communes environnantes. — Jusqu'à minuit : chaque course ou chaque heure, de Versailles aux communes de Viroflay, Buc, Saint-Cyr, Rocquencourt et le Chesnay, est fixée en semaine : voitures à 1 cheval, 2 fr.; voitures à 2 chevaux, 2 fr. 50; — dimanches et jours fériés : voitures à 1 cheval, 2 fr. 50; voitures à 2 chevaux, 3 fr.

Les voitures ne sont prises qu'à l'heure pour se rendre aux communes de Chaville, Jouy, Bailly, Ville-d'Avray, la Celle-Saint-Cloud, Marly-le-Roi, Louveciennes, Guyancourt et Voisins-le-Bretonneux. Prix de l'heure, de 6 h. du mat. à 7 h. 1/2 du s. en hiver, et à 9 h. 1/2 en été, en semaine : voitures à 1 cheval, 2 fr.; voitures à 2 chevaux, 2 fr. 50; — dimanches et jours fériés : voitures à 1 cheval, 2 fr. 50; voitures à 2 chevaux, 5 fr.

Après les heures ci-dessus, les prix sont réglés de gré à gré. Il en est de même à l'égard des voyageurs qui veulent se rendre aux communes comprises dans la dernière série, les jours annoncés à l'avance pour les grandes eaux et les courses de Satory.

Les cochers sortant de Versailles sont tenus de marcher à raison de 8 k. à l'heure, excepté en temps de neige et de verglas. Les voyageurs doivent payer le prix de retour depuis le point où ils quittent la voiture jusqu'à Versailles.

Stations de voitures : boulevard de la Reine, rue des Réservoirs, avenue de Saint-Cloud, avenue de Sceaux, gare des Chantiers, carrefour de Montreuil.

Voitures publiques : — pour *Chevreuse* (bureau rue André-Chénier, 18; le vendredi à 5 h. du s.) et pour *Noisy-le-Roi* (bureau rue Duplessis, 47; 3 dép. par j. de la gare de la rive dr.).

VERSAILLES

Situation. — Aspect général.

Versailles, V. de 54,874 hab., ancienne résidence de la Cour avant la Révolution, encore une fois siège du gouvernement après la guerre de 1870-71, est aujourd'hui le ch.-l. du dép. de Seine-et-Oise, le siège d'un évêché et l'une des principales villes militaires de France. Elle est bâtie sur le plateau de la rive g. de la Seine (130-140 m. d'alt.), à 7 ou 8 k. du fleuve, dans une sorte de dépression naturelle ou col d'où le profond et étroit vallon de Sèvres descend vers l'E. à la Seine et qui s'élargit vers l'O. en une plaine agricole arrosée par le rû de Gally et inclinée vers la Mauldre, affluent de la Seine. La dépression de Versailles est agréablement encadrée par deux lignes de coteaux boisés, l'une au N. portant la forêt de Marly et les bois des Fausses-Reposes, l'autre au S. couverte par les bois de Satory, contigus à l'E. à la forêt de Meudon. La ville jouit d'un air vif et pur, mais manque d'eau courante.

Versailles, né autour du château de Louis XIV, lui ressemble en tous points. C'est une ville régulière, grandiose et solennelle, mais froide et monotone : elle serait morte et triste sans les nombreux visiteurs qu'elle attire et le mouvement de sa garnison très importante, qui en fait aujourd'hui une cité essentiellement militaire. Immuable depuis la chute de la monarchie qui l'avait créée, la ville, non moins que le château et son parc à la Le Nôtre, a gardé intact et sans mélange le cachet des XVIIe et XVIIIe s. Versailles est dans son ensemble une synthèse complète, une évocation de cette grande époque. avec ses qualités et ses défauts.

A chaque pas que l'on fait dans cette ville, qui fut, pendant plus d'un siècle, le séjour habituel de la cour, on rencontre des monuments et des souvenirs se rattachant à l'un des trois rois qui s'y sont succédé. Dans un grand nombre de maisons et d'établissements particuliers on pourrait retrouver les hôtels habités autrefois par les grands seigneurs de la cour, tels que l'hôtel de Condé (aujourd'hui Surintendance militaire), situé rue des Réservoirs, n° 14, où La Bruyère écrivit *les Caractères* et où il mourut; l'hôtel de Noailles, rue Carnot, n° 1; l'hôtel du maréchal de Richelieu, avenue de Saint-Cloud, n° 38; l'hôtel du duc de Saint-Simon, le célèbre auteur des *Mémoires*, même avenue, n° 42. Dans la maison n° 17 de la rue des Chantiers, l'Assemblée constituante tint ses séances du 5 mai au 15 octobre 1789. Le Roi, auteur de l'*Histoire anecdotique des rues de Versailles*, a retrouvé dans une maison de la rue Saint-Médéric la *maison du parc aux cerfs*, qui eut une si honteuse célébrité sous Louis XV. Ce nom lui venait du quartier où elle était située, et qui occupait l'emplacement d'un parc destiné par Louis XIII à l'élevage des cerfs.

Histoire de la ville et du château.

Versailles ne fut, dans le principe, qu'une dépendance et, pour ainsi dire, le *grand commun* du château. Le plan de la nouvelle ville que Louis XIV voulait créer autour de son château avait été dressé dès 1670. Des terrains furent donnés aux seigneurs de la Cour pour y bâtir des hôtels, et les nouvelles constructions furent encouragées par divers privilèges et exemptions. Elles s'élevèrent principalement au N., dans le quartier dit la Ville-Neuve, et qui se compose des rues des Réservoirs, Carnot, de la Paroisse, de la rue et de la place Hoche. L'autre quartier, ou le vieux Versailles, comprenait les rues de la Surintendance, de l'Orangerie, du Vieux-Versailles et de Satory. La population urbaine s'accrut considérablement sous le règne de Louis XV. De nouveaux quartiers s'élevèrent. Une seconde paroisse, celle de *Saint-Louis*, fut formée en 1731 (la première paroisse était celle de *Notre-Dame*; l'évêché ne date que de 1802). Cependant Versailles, malgré ses augmentations, ne suffisait pas à contenir la population si nombreuse qui se pressait autour de la Cour. On construisit un nouveau quartier, composé de dix-huit rues alignées et traversé par les boulevards de la Reine et du Roi, sur le terrain occupé, sous Louis XIV, par les prés et le château de Clagny, dont l'état d'abandon fit ordonner alors la démolition. Les faubourgs, réunis à la ville en 1787, formèrent, à l'E., le quartier de *Montreuil* ou la paroisse de *Saint-Symphorien*. La même année, Louis XVI accorda à la ville proprement dite l'établissement d'une municipalité; et c'est de ce moment seulement qu'elle commença à vivre d'une vie indépendante du palais.

Le château de Versailles date de Louis XIII. Ce prince, qui venait continuellement chasser dans les bois du voisinage, fit d'abord construire un pavillon, dont on retrouve l'emplacement à l'angle de la rue Carnot et de l'avenue de Saint-Cloud. Bientôt il voulut avoir une véritable habitation; il en confia les plans à Lemercier, en 1627, et en devint, cinq ans plus tard, le vrai *seigneur*, par l'achat qu'il fit de cette terre à François de Gondi, archevêque de Paris, moyennant 66,000 livres.

Le vieux château presque ruiné qui dépendait de ce fief fut abattu. A cette époque, des bois couvraient l'emplacement actuel de la place d'Armes. Une avenue, tracée dans ces bois, en face du château, est devenue, sous Louis XIV, la large avenue de Paris : toutefois les contre-allées n'en ont été rendues praticables qu'en 1774.

Dès 1661, l'architecte Le Vau ajoutait de nouvelles constructions au modeste château de Louis XIII. Mais ce fut seulement en 1682 que Louis XIV fixa définitivement à Versailles la résidence de la Cour et qu'il fit tracer la belle route qui le relie à Paris.

L'architecte Mansart ne put, malgré son insistance, obtenir de Louis XIV la démolition des bâtiments élevés par Louis XIII. Pour agrandir le château, il dut l'entourer, du côté du jardin, d'une enveloppe qui en doublait la profondeur. Il joignit les pavillons isolés, élevés en avant, et fit disparaître les arcades qui formaient la *cour de Marbre*.

Du côté du jardin, Mansart avait conservé à la partie centrale une terrasse qui disparut en 1678 pour faire place à la grande galerie : les ailes du S. et du N., qui furent successivement construites, vinrent se rattacher à cette partie centrale. Ce palais si magnifique manquait non seulement d'ensemble, mais il était distribué d'une manière très incommode. C'est pour se soustraire à ces incommodités insupportables des appartements du palais de Versailles que Louis XIV fit bâtir Trianon à l'extrémité du parc; et, plus tard, le château de Marly.

Ce fut par les jardins que commencèrent les grands travaux qui firent de Versailles la plus somptueuse des résidences royales. Le Nôtre en fut chargé; le parc, où il ne fit qu'agrandir le dessin de Boyceau, jardinier de Louis XIII, devint le chef-d'œuvre des *jardins français*.

Cependant, quand les allées eurent été plantées, les bassins construits, on s'aperçut, un peu tard, qu'à cause de la situation élevée de Versailles, l'eau prise des étangs du voisinage était insuffisante pour alimenter les bassins et les jets d'eau. Afin de remédier à ce manque d'eau, on imagina divers projets plus ou moins grandioses et on finit par se décider à puiser l'eau dans la Seine.

Une machine immense, inventée et construite par le Liégeois Rennequin, fut établie à Marly. Elle mettait en jeu 221 pompes et devait faire monter les eaux de la Seine à la hauteur de 154 m. sur l'*aqueduc de Marly*, long de 643 m., et les amener à Versailles. Les travaux durèrent 7 ans et coûtèrent 3,674,864 livres. Quand l'eau de la *machine de Marly* arriva à Versailles, en 1683, on ne tarda pas à s'apercevoir qu'elle serait insuffisante; et comme, à cette époque, on venait de construire le château royal de Marly, elle fut réservée au service de cette dernière résidence. En 1741, une partie en fut rendue à Versailles.

Cependant l'eau manquait toujours à Versailles. On entreprit alors de détourner la rivière de l'Eure et de l'amener à Versailles. Les travaux furent commencés et poursuivis activement auprès de Maintenon. On creusa un canal de 40,000 m. depuis Pontgouin jusqu'à Berchère-la-Mingot et on commença l'aqueduc qui devait avoir une longueur de 5,920 m. et 242 arcades jetées sur la vallée de Maintenon. La création de ce canal coûta non seulement des sommes considérables, mais encore des soldats, qui furent employés à le creuser, y périrent par milliers. En 1688, la guerre vint heureusement interrompre ces travaux meurtriers. L'aqueduc, quand les travaux furent interrompus, avait env. 1,300 m.

Après tant de travaux si tristement avortés, on se réduisit à un plan beaucoup plus modeste, et qui réussit enfin, ou à peu près. On songea à utiliser les eaux des étangs situés sur le plateau qui s'étend de Versailles à Rambouillet; et, « par un vaste système de rigoles et d'aqueducs souterrains présentant un développement de 50 lieues, on parvint à recueillir et à transporter à Versailles, comme cela se fait encore, les eaux de pluie et de fonte de neige qui tombent sur une surface de 8 à 9 lieues de long sur 3 ou 4 de large. » (Noailles, *Histoire de Mme de Maintenon*.) Le sol des jardins de Versailles est une sorte de parquet recouvrant des voûtes souterraines, qui ont sous le parterre jusqu'à 5 m. de hauteur, des aqueducs et des milliers de tuyaux.

Ces jardins, enfin pourvus d'eau, furent peuplés de statues dues au ciseau des plus habiles sculpteurs. Le parc de Versailles se divisa en grand et en petit parc : ce dernier, appelé plus souvent *les Jardins*, se composait du parc actuel; l'autre, qui renfermait plusieurs villages, était entouré d'un mur de 9 lieues de longueur.

On avait mal évalué les sommes énormes dépensées pour Versailles. On a prétendu que Louis XIV, effrayé de tant de dépenses, aurait brûlé les mémoires des ouvriers. Les comptes des bâtiments sont au contraire conservés dans un ordre parfait. M. Guiffrey, qui les a publiés, évalue à la somme de *soixante millions* environ pour tout le règne l'ensemble des dépenses de Louis XIV : « Si on considère d'autre part que la construction et la décoration du palais ont largement profité au développement des arts, ont contribué à établir la suprématie des peintres, des sculpteurs et des architectes de notre pays sur toute l'Europe, ont singulièrement développé l'activité industrielle de la France, on reconnaîtra peut-être que ces prodigalités ne sont pas restées stériles. »

En 1683, Versailles devint la résidence presque permanente de la cour. Mais aux gloires et aux fêtes succédèrent des revers. En 1709, Louis XIV envoya à la Monnaie son trône d'argent et les meubles les plus précieux de son palais, pour subvenir aux frais de la guerre. Il mourut à Versailles le 1er septembre 1715.

Louis XV ne vint habiter Versailles qu'on 1722. — L'intérieur du Roi, surtout à partir de la faveur de Mme de Pompadour, subit des transformations conformes à la vie de simple particulier que voulait mener le souverain : quelques-unes de ses vastes pièces furent converties en petits réduits. Cependant quelques importantes additions furent faites aux grandes constructions de Louis XIV. Le Salon d'Hercule fut terminé en 1736. En 1753, l'architecte Gabriel commença la grande salle de spectacle achevée en 1770, et, vers 1772, le pavillon parallèle à la chapelle dont l'architecture fait, avec le reste des bâtiments, un contraste choquant quand on arrive par la cour d'honneur.

La ville qui avait vu les excès de la royauté devait en voir aussi la première expiation ; et ce fut l'infortuné Louis XVI qui en subit le châtiment. Nous ne pouvons que rappeler ici l'affaire du collier, dont une des principales scènes se passa dans les bosquets de Versailles, et dont le scandale fut si fatal au prestige du trône.

Pendant l'année 1789, l'histoire de Versailles se confond avec celle de la Révolution. C'est dans le Jeu de Paume de cette ville que le Tiers-Etat, bientôt l'Assemblée nationale, se réfugia et refusa de se dissoudre.

On peut lire, dans toutes les histoires de la Révolution, le récit des journées des 5 et 6 octobre, où la royale demeure de Versailles ayant été violée par le peuple de Paris, le roi et la reine furent obligés de venir s'installer à Paris avec l'Assemblée nationale. Cette insurrection avait été provoquée par le banquet donné quelques jours auparavant par les gardes du corps dans la salle de théâtre du château.

Depuis cette époque Versailles n'a plus été la résidence des rois. La Convention fit faire l'inventaire du mobilier, qui fut entièrement vendu. Napoléon ordonna de grandes réparations à Versailles. Sous Louis XVIII et Charles X, 6 millions furent consacrés à réparer les façades du château, à restaurer les peintures et les dorures et à élever un pavillon (le pavillon Dufour) correspondant à celui qui avait été construit sous Louis XV et dont il a été parlé plus haut.

Louis-Philippe a rendu au château de Versailles une partie de son ancienne splendeur. Il l'a débarrassé des petits logements qui l'obstruaient, faisant, il est vrai, disparaître beaucoup de belles décorations auxquelles on n'attachait pas d'intérêt à son époque. Le vaste musée de Versailles est son œuvre personnelle, payée en grande partie sur sa fortune privée. Lui-même il a discuté le plan de toutes les salles et des galeries, qui contiennent env. 5,900 objets d'art, soit plus de 4,000 tableaux et portraits et env. 1,000 œuvres de sculpture. Les sommes dépensées s'élevèrent en bloc à 23,494,000 fr.

Versailles éprouva, pendant la guerre de 1870-1871, moins de souffrances matérielles que la plupart des autres villes des environs de Paris, mais elle eut la douleur de servir de quartier général aux Allemands et de voir profaner le palais de nos rois, devenu notre musée national. Le 19 septembre, les barrières étant fermées et les postes gardés, une capitulation honorable fut signée, mais le lendemain les Allemands la violèrent après l'arrivée de leurs troupes. Le roi Guillaume de Prusse fait son entrée à Versailles le 5 octobre et s'établit aussitôt dans la préfecture. C'est dans la grande galerie des Glaces, pleine des plus glorieux souvenirs du « grand siècle », que, le 18 janvier 1871, le roi Guillaume ceint le diadème impérial d'Allemagne.

Du 23 au 28 janvier, M. Jules Favre, muni des pleins pouvoirs du gouvernement de la Défense nationale, vint tous les soirs traiter de l'armistice avec M. de Bismark, qui avait choisi pour résidence un hôtel de la rue de Provence. On connaît le résultat de ces négociations. L'Assemblée nationale, élue le 8 février, réunie le 12 à Bordeaux, acceptait, le 1er mars, les préliminaires de paix signés le 26 février à Versailles.

Le 2 mars, l'empereur Guillaume quittait la préfecture; mais son armée n'abandonna définitivement la ville que le 11. Le 10, l'Assemblée nationale décidait à Bordeaux qu'elle siégerait au château de Versailles, et le 20 elle y tenait sa première séance, au moment où l'insurrection devenait maîtresse de la capitale.

Depuis le 8 mars 1876 jusqu'en 1879, le Sénat, créé par la constitution du 25 février 1875, tint, comme l'Assemblée, ses séances au château de Versailles, dans l'ancien Opéra.

Au lendemain de tant de désastres, Versailles se souvint qu'elle était la patrie d'une de nos gloires militaires les plus pures, et elle institua, pour célébrer l'anniversaire de la naissance de Hoche, une fête annuelle, qui a lieu en juin, avec beaucoup d'éclat. Enfin, il convient de rappeler qu'en 1889, la Patrie française relevée solennisa à Versailles, dans une inoubliable journée, le centenaire des grands événements dont cette ville avait été le théâtre au début de la Révolution. Cette cérémonie, au cours de laquelle le président Carnot, entouré des membres du gouvernement et de tous les grands corps de l'État, inaugura le bassin de Neptune, remis en état de service, fut le prélude et la première des grandes fêtes du Centenaire et de l'Exposition universelle.

Emploi du temps.

Il faut une journée entière pour voir sommairement Versailles, c'est-à-dire jeter un coup d'œil sur la ville, parcourir rapidement les jardins et les Trianons, traverser le Château en s'arrêtant aux œuvres d'art les plus remarquables du Musée national et en terminant par la visite des appartements. On fera bien de partir de Paris d'assez bonne heure, de manière à avoir vu la ville (surtout les églises Saint-Louis et Notre-Dame), les parcs et les Trianons avant midi. Pour cela, il faut prendre une voit. à l'heure à la descente du train et donner l'ordre au cocher d'aller de suite aux églises, puis à travers le parc au Grand-Trianon, où l'on arrivera pour l'heure d'ouverture (10 h. l'été, 11 h. l'hiver); la voit. reprendra les promeneurs à la sortie de la remise des voitures de gala et les conduira au Petit-Trianon, d'où elle les amènera à la place d'Armes. On règlera le cocher et on déjeunera dans l'un des nombreux restaurants ou hôtels du voisinage, de manière à réserver l'après-dînée tout entière à la visite du Château.

Description de la ville.

On arrive à Versailles par trois gares : gare de la rive droite (trains de Paris-Saint-Lazare), gare de la rive gauche (trains de Paris-Montparnasse) et gare des Chantiers (ligne de Bretagne et Grande-Ceinture), ou bien encore par le tramway à air comprimé de Paris-quai du Louvre.

L'objectif de la généralité des visiteurs étant le Château, nous allons indiquer tout de suite la direction à prendre pour s'y rendre des différentes gares.

En descendant du train à la gare de la rive droite (omnibus), on se trouve sur la *rue Duplessis*; en suivant cette rue à g., on débouche sur l'**avenue de Saint-Cloud**, que l'on prend à dr. et qui aboutit à la place d'Armes, devant la grille du Château.

En descendant du train à la gare de la rive gauche (omnibus), on est sur l'*avenue Thiers*; que l'on suive cette avenue à g. pour déboucher dans l'**avenue de Sceaux** ou à dr. pour déboucher dans l'**avenue de Paris**, on arrivera à la place d'Armes par l'une ou l'autre de ces deux avenues.

Le trajet est plus long si l'on arrive par la gare des Chantiers, et l'on fera bien de prendre le tramway qui se trouve à la sortie de la gare et qui conduit devant le Château Les piétons prendront, en face de la sortie, la rue qui débouche dans la rue des Chantiers et suivront à g. cette rue qui aboutit à l'avenue de Paris (*V.* ci-dessus); en suivant cette avenue à g., on arrive à la place d'Armes.

Quant aux promeneurs qui arrivent à Versailles par le tramway du Louvre, ils ne seront pas embarrassés; ce tramway suit l'avenue de Paris et a son terminus à la place d'Armes même (côté dr., rue Colbert), devant le Château.

La **place d'Armes**, la plus vaste place de Versailles et le rendez-vous des visiteurs, offre un aspect vraiment grandiose avec la grille qui donne accès dans l'avant-cour du Château (*V.* ci-après), dont les constructions monumentales et de solennelle allure sont bien en proportion avec les dimensions de la cour, de la place, et des larges artères qui y aboutissent. Si écrasant est le Château au fond de la perspective que les côtés de la place d'Armes en ont leurs constructions singulièrement rapetissées. Le côté g. s'appelle *rue de la Chancellerie*, le côté dr. *rue Colbert* et tous deux, mais plus encore le côté dr. que le côté g., sont occupés par des restaurants.

La place d'Armes est le point de convergence des grandes artères versaillaises. C'est là qu'aboutissent trois énormes avenues: au centre l'avenue de Paris (*V.* ci-dessus), à g. l'avenue de Sceaux (*V.* ci-dessus), à g. de laquelle s'étend le quartier Saint-Louis, et à dr. l'avenue de Saint-Cloud (*V.* ci-dessus), à dr. de laquelle s'étend le quartier Notre-Dame, la fraction la plus importante de l'agglomération urbaine.

La place d'Armes et le Château.

Deux immenses casernes, construites sur le dessin de Mansart, de 1679 à 1685, pour servir d'écuries au château, occupent les angles aigus formés par ces grandes avenues à leur débouché sur la place d'Armes : à dr., la *caserne des Grandes-Ecuries* (artillerie), entre l'avenue de Paris à g. et l'avenue de Saint-Cloud à dr.; à g., la *caserne des Petites-Ecuries* (génie), entre l'avenue de Sceaux à g. et l'avenue de Paris à dr.

Sur le côté dr. de la place d'Armes (rue Colbert), où vient déboucher l'avenue de Saint-Cloud, s'ouvre la *rue Hoche*, qui conduit à la **place Hoche**, la plus belle de Versailles après la place d'Armes, et au centre de laquelle s'élève (1836) la **statue** en bronze **du général Hoche** par Lemaire, avec cette inscription : *Hoche, né à Versailles le 24 juin 1768, soldat à 16 ans, général en chef à 25, mort à 29, pacificateur de la Vendée.* Au delà de la place Hoche, la rue Hoche se continue jusqu'à la *rue de la Paroisse*, en face de Notre-Dame.

L'église Notre-Dame a été construite par Hardouin Mansart, de 1684 à 1686. Louis XIV, qui allait quelquefois communier à la paroisse, y touchait jusqu'à 1,300 scrofuleux.

1re chapelle à g. : cénotaphe élevé au comte de Vergennes, ministre sous Louis XVI; monument (1860) renfermant le cœur de Hoche; buste de Hardouin Mansart et plaque de marbre noir à la mémoire de La Quintinie. — A dr., chapelle précédant la sacristie : sur l'autel, *Saint-Vincent de Paul prêchant*, tableau de Restout (1739). — Chaire sculptée par Caffieri, la même que sous Louis XIV. — Au chevet, chapelle en rotonde avec déambulatoire et coupole, construite en 1867 (*Assomption*, par Michel Corneille).

Sur le côté g. de la place d'Armes (rue de la Chancellerie), où vient déboucher l'avenue de Sceaux, s'ouvrent la *rue du Jeu de Paume*, où l'on visitera avec intérêt la salle du Jeu de Paume, et, presque parallèle à la rue Hoche, la longue **rue de Satory**, par laquelle on peut se rendre à Saint-Louis.

La salle du Jeu de Paume a été le berceau à jamais célèbre de la Révolution française. Cette salle, dont la construction remonte à 1686, a servi d'atelier à Gros et à Horace Vernet. Elle a été transformée en *Musée de la Révolution*, dépendant du Musée national (ouvert t. l. j. de 11 h. à 4 h., excepté le lundi). Une plaque de marbre, placée au-dessus de la porte, porte l'inscription suivante : « Dans ce jeu de Paume, le 20 juin 1789, les députés du peuple, repoussés du lieu ordinaire de leurs séances, jurèrent de ne point se séparer qu'ils n'eussent donné une Constitution à la France. »

Dans l'intérieur de la salle, qui n'est pas très vaste, on lit sur les murs les noms de tous les membres de l'assemblée qui signèrent le serment, d'après l'original des signatures, dont un fac-similé est exposé. Sur le mur du fond M. Luc Olivier Merson a reproduit, en camaïeu, le *Serment du Jeu de Paume*, de David, composition qui est malheureusement peu exacte historiquement.

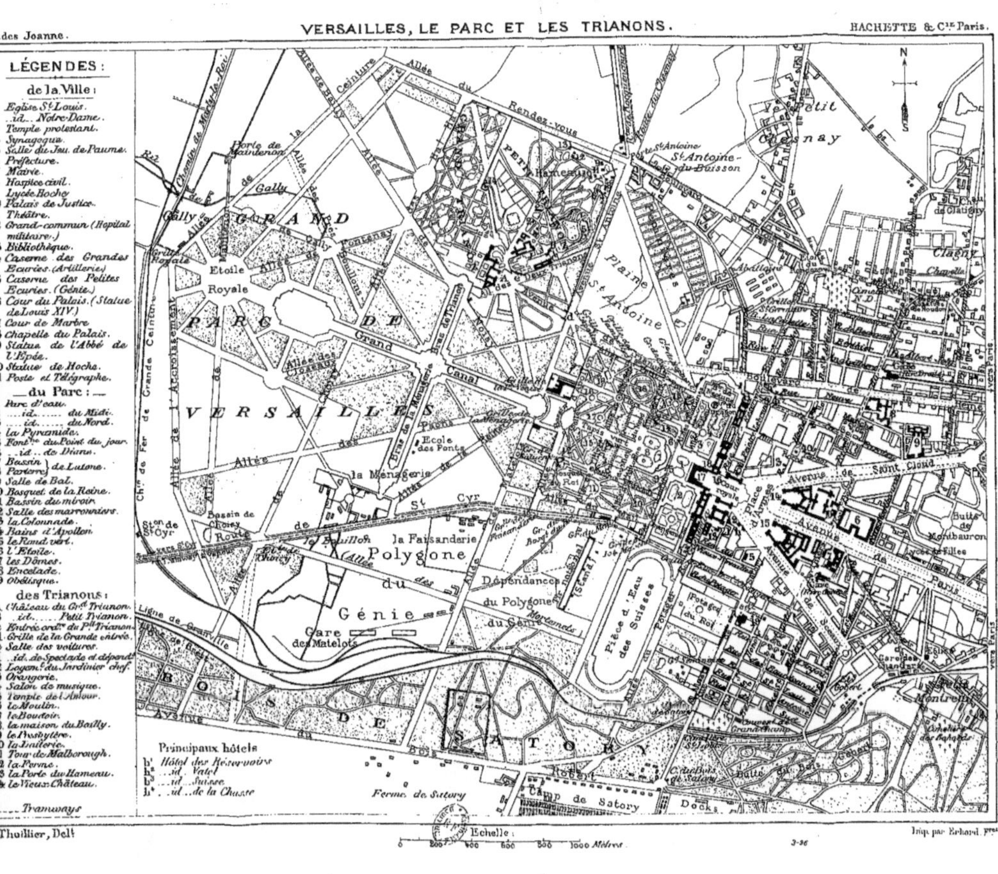

…uides Joanne.
VERSAILLES, LE PARC ET LES TRIANONS.
HACHETTE & Cie Paris.
LÉGENDES :
de la Ville :
1 Eglise St Louis.
2 ..id.. Notre-Dame.
3 Temple protestant.
4 Synagogue.
5 Salle du Jeu de Paume.
6 Préfecture.
7 Mairie.
8 Hospice civil.
9 Lycée Hoche
10 Palais de Justice.
11 Théâtre.
12 Grand-commun (Hopital militaire.)
13 Bibliothèque.
14 Caserne des Grandes Ecuries. (Artillerie)
15 Caserne des Petites Ecuries. (Génie.)
16 Cour du Palais. (Statue de Louis XIV.)
17 Cour de Marbre
18 Chapelle du Palais.
19 Statue de l'Abbé de l'Épée.
20 Statue de Hoche.
21 Poste et Télégraphe.
du Parc :
1 Parc d'eau.
2 ....id...... du Midi.
3 ....id...... du Nord.
4 la Pyramide.
5 Fontne du Point du jour.
6 ..id.. de Diane.
7 Bassin
8 Parterre } de Latone.
9 Salle de Bal.
10 Bosquet de la Reine.
11 Bassin du miroir.
12 Salle des marronniers.
13 la Colonnade.
14 Bains d'Apollon.
15 le Rond vert.
16 l'Etoile.
17 les Dômes.
18 Encelade.
19 Obélisque.
des Trianons :
A Château du Grd Trianon.
B ..id...... Petit Trianon.
c Entrée ordre du Pt Trianon.
d Grille de la Grande entrée.
e Salle des voitures.
1 ..id. de Spectacle et dépendes
2 Logemt du Jardinier chef.
3 Orangerie.
4 Salon de musique.
5 Temple de l'Amour.
6 le Moulin.
7 le Boudoir.
8 la maison du Bailly.
9 le Presbytère.
10 la Laiterie.
11 Tour de Malborough.
12 la Ferme.
13 la Porte du Hameau.
14 le Vieux Château.
Tramways
Principaux hôtels
h1 Hôtel des Réservoirs
h2 ..id. Vatel
h3 ..id. Suisse
h4 ..id. de la Chasse
GRAND
PARC DE
VERSAILLES
Grand Canal
Etoile Royale
la Ménagerie
la Faisanderie
Polygone du Génie
Pièce d'Eau des Suisses
Plaine St Antoine
St Antoine du Buisson
Petit Chesnay
Clagny
Avenue de St Cloud
Avenue de Paris
Butte de Montbauron
BOIS DE SATORY
Camp de Satory
Ferme de Satory
Gare des Matelots
Ecole des Ponts
Cour royale
Place d'Armes
Thuillier, Delt
Echelle : 0 200 400 600 800 1000 Mètres
Imp. par Erhard Fres

Sous un entablement appliqué contre le mur et surmonté par le coq gaulois a été gravée, sur une plaque de cuivre, l'inscription de la porte d'entrée. — Au-devant se dresse la statue de Bailly; et, autour de la salle, sont rangés vingt et un bustes représentant les principaux membres du Tiers Etat qui prirent part à la séance du 20 juin 1789.

Dans des vitrines sont exposées de nombreuses gravures du temps représentant des cérémonies ou des événements de l'époque révolutionnaire, un moulage de la tête de Mirabeau, des symboles, des autographes d'hommes célèbres de cette époque et, enfin, les portraits gravés d'un grand nombre de membres de l'Assemblée nationale.

L'église Saint-Louis (cathédrale) a été bâtie, en 1743, par Mansart de Sagonne, petit-fils du célèbre Hardouin. Cette église, où le clergé se réunit solennellement au Tiers-Etat après le serment du Jeu de Paume, se trouve sur une petite place ornée de la *statue* en bronze (1843) *de l'abbé de l'Epée*, par Michaut.

A l'int. : fenêtres du chœur et des chapelles latérales ornées de vitraux modernes ; *confessionaux* en boiseries anciennes, richement sculptées ; *orgue* construit par Clicquot et inauguré en 1761, remis à neuf (3,131 tuyaux); *banc d'œuvre*, en bois sculpté, travail remarquable de l'époque Louis XIV. BAS COTÉ DR. : 3e chapelle : *Présentation de la Vierge au Temple*, par Colier de Vermont (1755); 4e : *monument* en marbre blanc, par Pradier (1821), érigé par la ville à la mémoire du duc de Berry, né à Versailles. — TRANSSEPT DR. : *La Nativité*, tableau ancien. — SACRISTIE : *Résurrection du fils de la Veuve de Naïm*, immense tableau, par J. Jouvenet. — POURTOUR DU CHŒUR : 2e chapelle : *Saint Louis*, en culotte de satin, par Le Moyne ; 3e : *Prédication de saint Jean*, par Boucher, dans le style de ses bergeries ; chapelle de l'abside : vitraux composés par Dévéria et exécutés à la manufacture de Sèvres : l'*Annonciation* et l'*Assomption*. — TRANSSEPT G. : *Descente de croix*, tableau ancien. — BAS COTÉ G. (en descendant); 1re chapelle : *saint Pierre sauvé des eaux*, par Boucher, et *saint Pierre délivré des liens*, par Deshayes (1701).

Quand, de la place d'Armes, ayant pénétré dans l'avant-cour du château, on se trouve au point central occupé par la statue équestre de Louis XIV (*V.* ci-dessous), on a à droite et à g. deux grilles qui s'ouvrent sur deux importantes artères parallèles : à dr., la rue des Réservoirs; à g., la rue Gambetta.

La *rue des Réservoirs* doit son nom aux réservoirs qui s'y trouvaient jadis et non au *réservoir* dit *de l'Opéra*, placé à l'extrémité de l'aile N. du Château, et dont le mur de soutènement domine la rue. C'est dans cette artère que se trouve le *Grand-Théâtre*, que Mlle Montansier, qui en avait obtenu le privilège en 1775, ouvrit en 1777. Un corridor pratiqué du côté de la rue, le long des réservoirs, permettait à Louis XVI et à Marie-Antoinette de se rendre dans leur loge sans être vus. La rue des Réservoirs aboutit au *boulevard de la Reine* (en suivant ce boulevard à g., puis l'*avenue de Trianon*, on arriverait au Grand-Trianon) et, après avoir croisé ce boulevard, se prolonge par le *boulevard du Roi*.

La *rue Gambetta* contient (no 5) la *Bibliothèque de la ville* (ouverte en semaine de midi à 5 h., fermée à 4 h. le dimanche et du 15 août au 1er octobre), qui occupe un édifice destiné sous

Louis XV au ministère de la Marine, puis à celui des Affaires étrangères. Elle possède 60,000 vol., de fort belles décorations et des collections artistiques intéressantes, notamment au 2e étage, dans un petit musée local, une salle complète de moulages d'après *Houdon*, né à Versailles en 1740. Les belles boiseries du rez-de-chaussée sont du XVIIIe s.

La rue Gambetta se prolonge par l'*allée du Potager*, qui longe la pièce d'eau des Suisses. Entre cette allée et la rue de Satory (*V.* ci-dessus) se trouve le *Potager du Roi*, dessiné et planté par La Quintinie. Une *Ecole nationale d'horticulture* (entrée par la *rue du Potager*) y a été créée en 1874 (dans la cour d'honneur, *buste*, en marbre, *de* l'agronome *Pierre Joigneaux*, 1815-1892, par Bacquet); une station modèle météorologique est annexée à l'école.

Parmi les monuments publics de Versailles, nous citerons encore : — l'*église Sainte-Elisabeth* (à l'extrémité de la rue des Chantiers), qui renferme, au-dessus du maître-autel, le *Miracle des Roses*, tableau de Paul-Hippolyte Flandrin; — l'**hôtel de la Préfecture** (avenue de Paris; bureaux rue Saint-Pierre; à l'int., peintures de Lambinet, Félix Barrias, Gendron et Jobbé-Duval); — l'*hôtel de ville* (à côté de la gare de la rive g.), ancien hôtel du grand maître de la maison du roi; — l'*hôpital-hospice* (467 lits), rue Richaud, 5; — le *lycée Hoche* (avenue de Saint-Cloud), avec une jolie chapelle; — le *palais de justice* (rue Saint-Pierre) ancien hôtel du grand veneur; — le *garde-meuble*, autrefois la vénerie; — le bâtiment du *Grand-Commun* (rue Gambetta), édifice qui pouvait loger 2000 personnes attachées au service du Château, et qui sert aujourd'hui d'*hôpital militaire*; — le *petit séminaire*, installé dans l'ancien bâtiment de la surintendance; — le *temple protestant*, rue Hoche, 3; — l'*église anglicane*, au coin de la rue Carnot et de la rue du Peintre-Lebrun; — la *synagogue* (rue Albert-Joly, 10), de style roman, construite en 1886 par Aldrophe, aux frais de Mme Furtado-Heine; — le *Conservatoire de musique*, rue Sainte-Adélaïde, 7; — la *salle des concerts* ou *théâtre des Variétés*, rue de la Chancellerie, 10; — la *statue* en marbre *de Houdon*, par Tony Noël, avec piédestal de Paul Favier, dans le *square Duplessis*, à l'extrémité de la rue Duplessis, au bas de Clagny.

Château.

Le **Château de Versailles** comprend trois corps de bâtiments principaux : une partie centrale et deux ailes. Du côté des jardins, il offre aux regards une ligne d'une grande étendue (415 m. 27 cent., sans compter les façades en retour), sur laquelle s'avance le corps central. Du côté de la grande cour nommée autrefois *Avant-cour* ou *cour des Ministres*, au contraire, non seulement on ne peut pas en embrasser toute l'étendue, mais, à cause des deux pavillons qui s'y projettent en avant, il ne présente que des lignes qui fuient et des parties rentrantes : une cour centrale, la *cour Royale*, dans la portion comprise entre les deux ailes (au fond est la petite *cour de Marbre*), et deux petites cours latérales, la *cour des Princes* à g., et la *cour de la Chapelle*, à dr.

La **cour du Château**, créée par Louis XIV, a subi depuis plusieurs changements. On consultera avec intérêt les tableaux du Musée nos 725 et 726 (dans la grande salle des *Résidences royales*, n° 34 du pl. II), qui montrent l'état du Château vers 1664 et 1722. La porte de la grille était à l'endroit où est placée aujourd'hui la statue équestre de Louis XIV. Une grille dorée sépare la cour de la place d'Armes. De chaque côté de cette grille est un groupe en pierre : à dr., la *France triomphant de l'Empire*, par Marsy; à g., la *France triomphant de l'Espagne*, par Girardon; plus en arrière, aux deux extrémités de la balustrade, sont deux autres groupes : à dr., la *Paix*, par Tuby; à g., l'*Abondance*, par Coysevox. Seize statues en marbre ornent à dr. et à g. la grande cour. Ces statues sont, à dr. : *Richelieu*, par Ramey; *Bayard*, par Moutoni; *Colbert*, par Milhomme; *Jourdan* et *Masséna*, par Espercieux; *Tourville*, par Marin; *Duguay-Trouin*, par Dupasquier; *Turenne*, par Gois. A g. : *Suger*, par Stouf; *Du Guesclin*, par Bridan; *Sully*, par Espercieux; *Lannes*, par Callamard; *Mortier*, par Calamatta; *Suffren*, par Lesueur; *Duquesne*, par Roguier, et *Condé*, par David d'Angers.

Au milieu de la cour, la *statue* équestre moderne, en bronze, *de Louis XIV*, est de Petitot et de Cartellier. Le cheval est de ce dernier.

Des deux côtés s'élèvent les deux pavillons modernes qui se projettent en avant, ornés de colonnes corinthiennes; sur leur fronton triangulaire se lit cette inscription : *A toutes les gloires de la France.*

La petite cour carrée du fond, entre les deux pavillons, qui était celle de l'ancien château de Louis XIII, a été nommée, à cause de son dallage, la cour de Marbre.

La **cour de Marbre** (Pl. 17), autrefois plus élevée de 1 m. 75 que les appartements du rez-de-chaussée, a été abaissée sous Louis-Philippe, et n'est plus élevée que d'une marche au-dessus de la cour précédente. Elle servit quelquefois à des fêtes données par Louis XIV; en 1664, l'opéra d'*Alceste*, par Lully et Quinault, y fut représenté. Dans la matinée du 6 octobre 1789, ce fut au balcon du premier étage que Louis XVI et Marie-Antoinette se virent forcés de se montrer au peuple qui remplissait la cour, avec des menaces de mort. Des cris se firent ensuite entendre, appelant : « La reine seule! » et elle s'avança seule sur le balcon.

De la grande cour on peut gagner les jardins par les passages qui sont au fond, soit de la *cour des Princes*, à g., soit de la *cour de la Chapelle*, à dr. (*V.* Pl. II). C'est ordinairement de ce côté que l'on entre dans le Musée. La salle d'entrée au rez-de-chaussée (sous le vestibule ouvert, qui sert de passage entre la cour de la Chapelle et les jardins) est à dr. Elle sert de vestibule à la chapelle (1, Pl. II).

La chapelle (Pl. II), commencée en 1696, achevée en 1710, est le dernier ouvrage de Mansart. La toiture a été restaurée en 1876. — C'est un édifice admirablement complet, et dont on peut prendre une idée suffisante de la grande porte de la tribune royale au 1er étage, porte devant laquelle on passe nécessairement, et qui est toujours ouverte.

L'intérieur, richement décoré, orné de statues et de bas-reliefs, est à peu près dans l'état où l'a laissé Louis XVI en quittant Versailles. Il est divisé en deux parties par une tribune de pourtour, à la hauteur de la tribune du roi : la partie basse et la partie haute. — Dans la partie basse sont sept autels ou chapelles ornés de bas-reliefs en bronze (en commençant par la dr.) : 1er autel, *Ste Adélaïde quittant saint Odilon*, par Adam; 2e *Ste Anne instruisant la Vierge*, par Vinache; 3e *St Charles Borromée pendant la peste de Milan*, par Bouchardon; 4e chapelle du Sacré-Cœur de Jésus; en face de cette chapelle, contre le maître-autel, la *Cène*, tableau par Silvestre; 5e *Martyre de St Philippe*, par Ladatte; 6e chapelle de St Louis : *St Louis servant les pauvres*, bas-relief, par A. Slodtz, et *St Louis soignant les blessés*, tableau d'autel, par Jouvenet; 7e *Martyre de Ste Victoire*, par Adam. — La partie haute est divisée en 15 travées en majeure partie ornées de bas-reliefs, par Lelorrain, Slodtz, Lemoine, Lepautre, etc., et dont les plafonds ont été peints par Bon et Louis Boulogne. Dans la 11e travée, *Ste Thérèse en extase*, tableau par Santerre, et la *Mort de Ste Thérèse*, bas-relief par Vinache; dans la chapelle de la Vierge (au-dessus de celle de St Louis), le tableau d'autel représentant l'*Annonciation*, peintures du plafond et voussures par Bon Boulogne; la *Visitation*, bas-relief, par Coustou. — Voûte de la nef; au centre : le *Père Éternel dans sa gloire*, par A. Coypel. — Voûte du chevet : la *Résurrection du Christ*, par Lafosse. — Au-dessus de la tribune du roi, en face du maître-autel : la *Descente du Saint-Esprit*, par Jouvenet.

Musée national.

Ouvert t. l. j. excepté le lundi, du 1er avril au 30 sept., de 11 h. du mat. à 5 h. du s.; du 1er oct. au 31 mars, de 11 h. du mat. à 4 h. du soir. — Les visiteurs sont obsédés aux abords du palais par des guides tous étrangers à l'administration et dont les services sont superflus.

N. B. — La description des tableaux, objets d'art et curiosités que renferme chaque salle, commence par la droite.

Avis important. — Si le visiteur ne dispose que d'une demi-journée, il fera bien de renoncer à voir les premières salles de l'histoire de France et de monter tout de suite au premier étage par un des petits escaliers de la chapelle. Il est essentiel de voir les salles de peinture militaire moderne (*Horace Vernet, etc.*), *les grands appartements, la galerie des Batailles, l'attique Chimay et les nouvelles installations de portraits au rez-de-chaussée du midi.*

Guides Joanne. **PALAIS DE VERSAILLES** (Rez-de-Chaussée). HACHETTE et Cie _ Paris.

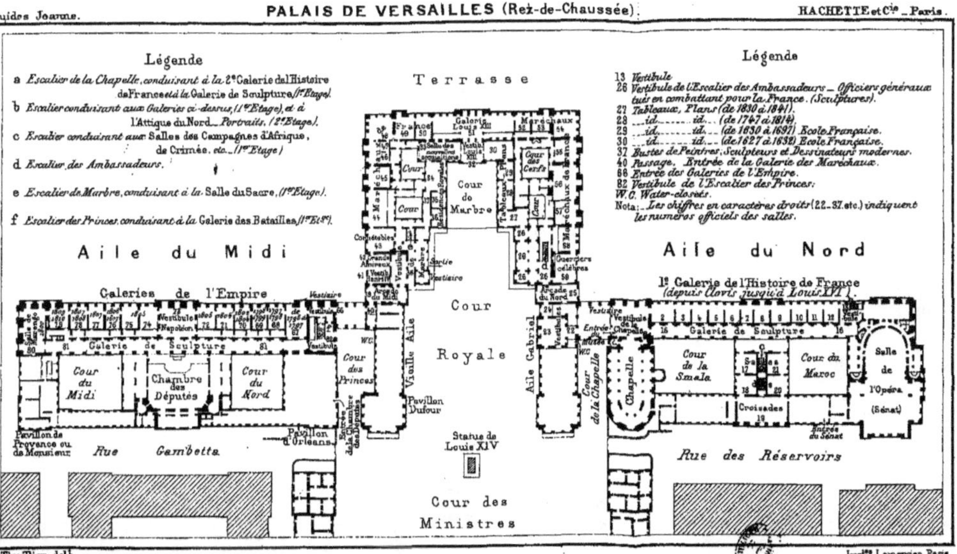
Légende
a Escalier de la Chapelle, conduisant à la 2e Galerie de l'Histoire de France et à la Galerie de Sculpture (1er Etage).
b Escalier conduisant aux Galeries ci-dessus, (1er Etage), et à l'Attique du Nord _ Portraits. (2e Etage).
c Escalier conduisant aux Salles des Campagnes d'Afrique, de Crimée, etc. _ (1er Etage)
d Escalier des Ambassadeurs.
e Escalier de Marbre, conduisant à la Salle du Sacre, (1er Etage).
f Escalier des Princes, conduisant à la Galerie des Batailles (1er Et.ge).
Légende
13 Vestibule
26 Vestibule de l'Escalier des Ambassadeurs _ Officiers généraux tués en combattant pour la France. (Sculptures).
27 Tableaux, Plans (de 1830 à 1841).
28 _ id. _ id. _ (de 1747 à 1814).
29 _ id. _ id. _ (de 1630 à 1697) École Française.
30 _ id. _ id. _ (de 1627 à 1632) École Française.
37 Bustes de Peintres, Sculpteurs et Dessinateurs modernes.
40 Passage. Entrée de la Galerie des Maréchaux.
66 Entrée des Galeries de l'Empire.
82 Vestibule de l'Escalier des Princes.
W.C. Water-closets.
Nota: _ Les chiffres en caractères droits (22_37 etc.) indiquent les numéros officiels des salles.
Terrasse
Aile du Midi
Aile du Nord
Galeries de l'Empire
1re Galerie de l'Histoire de France (depuis Clovis jusqu'à Louis XVI).
Galerie de Sculpture
Cour du Midi
Chambre des Députés
Cour du Nord
Cour de Marbre
Cour Royale
Cour des Princes
Vieille Aile
Aile Gabriel
Pavillon Dufour
Chapelle
Cour de la Chapelle
Cour de la Smala
Cour du Maroc
Croisades
Salle de l'Opéra (Sénat)
Entrée du Sénat
Statue de Louis XIV
Cour des Ministres
Pavillon de Provence ou de Monsieur
Pavillon d'Orléans
Rue Gambetta
Rue des Réservoirs

L. Thuillier, del.t Impr.ie Lemercier, Paris

Rez-de-chaussée (Pl. 1; nos 1 à 64).

AILE DU NORD

On entre par la cour de la Chapelle, à dr., dans un *vestibule* (Pl. 1; dépôt et vente de photographies et de catalogues; un volume décrit en détail les collections du Musée, par MM. de Nolhac et Pératé), où l'on remarque un bas-relief allégorique (le passage du Rhin par Louis XIV), œuvre de *Coustou*.

Laissant à dr. un petit escalier qui conduit au vestibule de la chapelle (1er étage) et une galerie de sculpture, on traverse le vestibule.

1re **Galerie de l'histoire de France** (Pl. 2 à 12), divisée en 11 salles ou galeries, renfermant des tableaux d'histoire, depuis Clovis jusqu'à Louis XIV. — Les 6 premières de ces salles formaient, sous Louis XIV, l'appartement du duc de Maine.

1re SALLE (Pl. 2)[1]. — 1. *Robert-Fleury*. Entrée triomphale de Clovis à Tours. — 10. *Ary Scheffer*. Charlemagne présente ses Capitulaires. — 1932. *P. Delaroche*. Charlemagne traverse les Alpes. — 20. *Rouget*. St Louis médiateur entre le roi d'Angleterre et ses barons.

2e SALLE (Pl. 3). — 32. *Vinchon*. Sacre de Charles VII à Reims. — 34. *A. Johannot*. Bataille de Saint-Jacques.

3e SALLE (Pl. 4). — 37. *Vinchon*. Entrée des Français à Bordeaux. — 47. *Gassies*. Clémence de Louis XII. — 49. *Larivière*. Prise de Brescia.

4e SALLE (Pl. 5). — 52. *Ary Scheffer*. Mort de Gaston de Foix. — 59. *Schnetz*. Bataille de Cerisoles.

5e SALLE (Pl. 6). — 66 et 69. *Rouget*. Henri IV devant Paris; Assemblée des notables à Rouen. — 61 et 68. *Dévéria*. Levée du siège de Metz; Combat de Fontaine-Française.

6e SALLE (Pl. 7). — 98 et 101. *Van der Meulen*. Prise du fort de Joux; Prise d'Ypres.

7e SALLE (Pl. 8). — 101 et 112. — *Gallait*. Reddition de Spire; Prise de Neustadt.

8e SALLE (Pl. 9). — 168. *Huber*. Congrès de Rastadt. — 166. *Couder*. Prise de Lerida. — 160. *Parrocel*. Combat de Leuze.

9e SALLE (Pl. 10). — 177. *Parrocel*. Méhémet Effendi aux Tuileries. — 180. *Couder*. Prise de Philipsbourg.

10e SALLE (Pl. 11). — 200. *Parrocel*. Siège d'Oudenarde. — 220. *Monsiau*. Louis XVI donnant des instructions à La Pérouse.

11e SALLE (Pl. 12). — 221. *Crépin*. Louis XVI visitant le port de Cherbourg. — 223. *Hersent*. Louis XVI distribue des secours aux pauvres. — On traverse le

VESTIBULE (Pl. 13) de l'escalier de l'aile du N. (bustes de Louis XIV, de Colbert, etc.), conduisant aux étages supérieurs. On tourne à dr.

1re **Galerie de sculpture**. — Cette galerie renferme les tombeaux et les statues des rois de France et des personnages célèbres depuis Clovis jusqu'à Louis XIV, moulés, pour la plupart, sur les tombeaux de Saint-Denis. — 294. Buste d'Isabeau de Bavière. — 321. *Germain Pilon*. Henri II; 325. Catherine de Médicis. — 315. *Bontemps*. François Ier. — 261. *Barre*. Isabelle d'Aragon. — 310. *Bourdin*. Louis XI; etc.

Au milieu de cette galerie, en face du moulage du superbe *monument* (no 311) de Ferdinand V et d'Isabelle de Castille, de la chapelle royale de Grenade, s'ouvrent à dr. cinq salles renfermant les tableaux consacrés à l'histoire des Croisades. Elles occupent, avec la partie de la galerie de sculpture qui leur sert de vestibule, le rez-de-chaussée de l'ancien pavillon

1. Les chiffres entre parenthèses indiquent les nos des salles sur les plans.

de Noailles et formaient autrefois des appartements pour quelques personnes de la suite du roi, de la reine et des princes. Les plafonds et les frises sont décorés des armoiries des rois, princes, seigneurs et chevaliers qui prirent part aux différentes croisades, ainsi que des grands maîtres et chevaliers des ordres religieux militaires.

1re SALLE (Pl. 17). — 392. *Gallait*. Baudoin couronné roi de Constantinople. — 380. *Larivière*. Bataille d'Ascalon.

2e SALLE (Pl. 18). — 415. *Jacquand*. Chapitre de l'ordre de Saint-Jean-de-Jérusalem. — 399. *Karl Girardet*. Gaucher de Châtillon défendant l'entrée du faubourg de Minièh. — 18 et 21. *Rouget*. Saint-Louis reçoit les envoyés du Vieux de la Montagne; Mort de saint Louis.

3e SALLE (Pl. 19). — 4941. *H. Vernet*. Bataille de Las Navas de Tolosa. — 428. *Schenetz*. Procession des Croisés autour de Jérusalem. — 451. *Blondel*. Prise de Ptolémaïs. — 2673. *Schnetz*. Le comte Eudes défend Paris contre les Normands. — 472. *Larivière*. Levée du siège de Malte. — Au centre, tombeaux de Parisot de la Vallette et de Pierre d'Aubusson, grands maîtres de l'ordre de Malte.

4e SALLE (Pl. 20). — 374. *Signol*. Prédication de la deuxième croisade à Vézelay. — 366. *Granet*. Godefroy de Bouillon dépose dans l'église du Saint-Sépulcre les trophées d'Ascalon. — 365. *Schnetz*. Bataille d'Ascalon.

5e SALLE (Pl. 21). — 351 et 360. *Signol*. Passage du Bosphore; Prise de Jérusalem. — 350. *Hesse*. Adoption de Godefroy de Bouillon par Comnène.

On revient dans la galerie de sculpture, d'où un escalier à dr. conduit aux salles des guerres d'Afrique, de Crimée et d'Italie (1er étage; V. p. 24). Si on a beaucoup de temps et si on tient à voir tout le rez-de-chaussée, on prend à g. et on traverse le vestibule de la chapelle pour entrer, sous le passage, dans la partie centrale.

PARTIE CENTRALE

VESTIBULES (Pl. 22 à 24), au nombre de trois, renfermant des tombeaux et des statues. On y voit aussi des bustes de rois et d'hommes illustres, parmi lesquels : — 480. *Houdon*. Le prince de Conti. — 484. *Pradier*. Louis XVIII. — 485. *Bosio*. Charles X. — 492 et 494. *David*. De Jussieu et Lacépède; etc.

ARCADE DU NORD (Pl. 25). — Bustes et statues de maréchaux de France, par Pradier, Nanteuil, Jouffroy, etc.

ESCALIER DIT DES AMBASSADEURS ET VESTIBULES (Pl. 26), divisés en 7 parties. — Bustes et statues de généraux, par Pradier, Thérasse, Lemaire, Dantan, Debay, Maindron, Oudiné, etc. — On revient sur ses pas et l'on traverse les 8 salles qui précèdent la galerie Louis XIII.

Salle des Guerriers célèbres (Pl. 59). — Cette salle, autrefois coupée en deux et qui servait d'antichambre à Mme de Pompadour, contient les portraits (par *Rouget*, *Naigeon*, *Philippoteaux*) de guerriers qui se sont illustrés par leurs faits d'armes, sans avoir été revêtus des insignes de connétable ou de maréchal.

Salle des Maréchaux (Pl. 58 à 52). — Ces sept salles contiennent les portraits (par *Larivière*, *Court*, *Ary Scheffer*, *Cogniet*, *H. Vernet*, *Decamps*, *Rouget*, *Gros*, *Schnetz*, *Caminade*, etc.) des maréchaux, depuis le maréchal de la Ferté (1651) jusqu'à nos jours. La salle 56 était dans le principe l'appartement des bains; elle devint en 1681 une pièce de l'appartement de Mme de Montespan. Tout ce côté du rez-de-chaussée fut habité par Mesdames, filles de Louis XV, et, avant elles, par la marquise de Pompadour. La salle 57 était la chambre à coucher de Mme de Pompadour, et la salle 58 son cabinet.

Galerie de Louis XIII (Pl. 51). — Cette galerie communiquait à dr. à l'appartement de Mesdames, et à g. à l'appartement du Dauphin. Les trumeaux ont été décorés, par *Alaux*, *Lafaye* et *H. Lecomte*, de portraits et de sujets appartenant aux règnes de Louis XIII et de Louis XIV. — Beau vase de Sèvres au milieu de la galerie.

On passe de là dans les **nouvelles salles de portraits historiques** (Pl. 50, 49, 48). — Ces salles contiennent de beaux restes de la décoration Louis XV alors qu'elles formaient l'appartement du Dauphin, père de Louis XVI, † 1765. Elles avaient été auparavant l'appartement du Grand Dauphin, puis du Régent (Philippe d'Orléans). Le Musée y a commencé l'exposition des principaux portraits et tableaux du XVIIIe s., qui se trouvaient autrefois fort mal exposés dans l'attique du Midi et privés d'encadrements. Cette belle installation, qui doit être continuée dans les salles suivantes, présente déjà à l'attention des chefs-d'œuvre de haut prix, le portrait de Dangeau, par *Rigaud*, daté de 1702, les Louis XV de *Belle* et de *Drouais*, avec une magnifique tapisserie des Gobelins reproduisant le portrait officiel du monarque par L. M. Van Loo, le Dauphin, fils de Louis XV, par *Natoire*, et ses deux femmes, la première, infante d'Espagne, par *Tocqué*, la seconde, Marie-Josèphe de Saxe, par *Nattier*. Quelques autres toiles des mêmes maîtres, et surtout de *Nattier*, sont à signaler, ainsi que des portraits de magistrats et d'artistes, par *Largillière*, des scènes de la vie princière, par *Ollivier*, et plusieurs bustes (Voltaire et Diderot, par *Houdon*, Fontenelle, par *Lemoyne*, etc.). Le petit buste de Louis XVII, par *Deseine*, a été mutilé au 10 août 1792, ayant été jeté par une fenêtre des Tuileries; le nez et la bouche sont des restaurations.

La pièce 49, qui fut le cabinet du Régent, où il mourut de mort subite, fut la chambre à coucher du Dauphin. La cheminée, qui est la plus belle du Château, a des bronzes de *Jacques Caffiéri*.

De la galerie de Louis XIII, on peut aussi, à g., visiter les salles qui entourent la cour de Marbre.

Vestibule de Louis XIII (Pl. 32). — Statues et tombeaux : — Bossuet, par *Pajou*; Michel de l'Hôpital, par *Gois*; Fénelon, par *Lecomte*.

Salle des Tableaux-Plans (Pl. 30 à 27). — 4 salles rarement ouvertes, contenant les plans d'un grand nombre de combats. La salle, formant l'angle d'un des pavillons du château primitif de Louis XIII, faisait partie de la salle des gardes pour l'appartement particulier du roi, auquel conduisait un escalier désigné sous le nom d'*escalier du Roi*. « Louis XV venait de descendre cet escalier et de sortir de cette salle, dit la *Notice du Musée*, pour monter en voiture, lorsqu'il fut frappé par Damiens, le 3 janvier 1757, à 8 h. du soir. Peu de temps après, le garde des sceaux Machault, saisissant l'assassin dans la salle des gardes, lui fit tenailler les jambes en présence du chancelier Lamoignon et de Bouillé, ministre des affaires étrangères, par deux gardes du corps armés de pinces rougies au feu, qui s'offrirent à faire ainsi l'office du bourreau. » L'emplacement se voit mieux de la cour, à la porte-fenêtre de la salle 27, qui était cette salle des gardes, entièrement modernisée à l'intérieur.

Salle des nouvelles acquisitions (Pl. 33). — L'exposition, souvent fort intéressante, change assez souvent. On y trouve les achats récents faits par le Musée et les dons qu'il a reçus, avant leur répartition dans les séries où ils doivent être placés. — Au centre : 1520. *Seurre*, Napoléon Ier (bronze). — Statue équestre d'Henri IV (réduction de celle du Pont-Neuf).

Salles des résidences royales (Pl. 34, 35, 36), au nombre de trois. — Nombreuses et très curieuses vues des châteaux et résidences royales, par *J.-B. Martin*, *Allegrain* et *Hubert Robert*.

On gagne de là, par le vestibule 37, contenant des bustes d'artistes modernes, le

VESTIBULE (Pl. 38; bustes en marbre ou en plâtre), d'où l'on peut monter par l'*Escalier de marbre* ou *Escalier de la Reine* aux grands appartements.

On peut aussi gagner, par l'Arcade du Midi (Pl. 39; bustes et statues d'hommes célèbres, entre autres de Pascal, par *Cavelier*; de la Fontaine, par *Seurre*; de Racine, par *Lemaire*), le passage du Midi, d'où, par le *Vestibule des Princes* (Pl. 66), on entrera dans les galeries de l'Empire.

AILE DU MIDI

(Entrée par la Cour des Princes).

VESTIBULE (Pl. 66) précédant les galeries de l'Empire. — Bustes de David, par *Rude*; du baron Gérard, par *Pradier*, etc.

Galeries de la République et de l'Empire, comprenant 12 salles dont les 6 premières formaient, sous Louis XIV, l'appartement du duc et de la duchesse de Bourbon.

1re SALLE (Pl. 67). — Tableaux représentant des batailles de la République, par *Bacler-d'Albe*, *Thévenin*, *Mauzaisse*, etc. Deux curieux tableaux du général *Lejeune*, le Pont de Lodi et la Bataille de Marengo.

2e SALLE (Pl. 68). — 1493. *Lethière*. Préliminaires de paix signés à Léoben.

3e SALLE (Pl. 69). — 1497. *Girodet-Trioson*. Révolte du Caire. — 1498. *Guérin*. Bonaparte fait grâce aux révoltés.

4e SALLE (Pl. 70). — 1500. *Monsiau*. La Consulta de la République cisalpine réunie à Lyon.

5e SALLE (Pl. 71). — 1504. *Debret*. Première distribution des croix de la Légion d'honneur.

6e SALLE (Pl. 72). — Batailles par *Watelet*, *Lepoitevin*, *Jollivet*, *H. Bellangé*, *C. Roqueplan*, etc.

VESTIBULE NAPOLÉON (Pl. 73). — Bustes divers; moulage de la statue de Voltaire, par *Houdon*.

7e SALLE (Pl. 74). — 1546. *Debret*. Napoléon rend honneur au courage malheureux. — 1547. *Meynier*. Le maréchal Ney remet aux soldats du 76e de ligne ses drapeaux trouvés à Inspruck.

8e SALLE (Pl. 75). — 1549. *Girodet-Trioson*. Napoléon reçoit les clefs de Vienne. — 1551. *Gros*. Entrevue de Napoléon et de François Ier. — *Lejeune*. La Veillée d'Austerlitz, d'après des croquis pris sur place par l'artiste.

9e SALLE (Pl. 76). — 1552. *Meynier*. Napoléon à Berlin. — 1554. *Mauzaisse*. Bataille d'Eylau.

10e SALLE (Pl. 77). — 1555. *Gosse*. Napoléon reçoit la reine de Prusse.

11e SALLE (Pl. 78). — 1559. *C. Vernet*. Napoléon devant Madrid. — 1558. *B. Regnault*. Mariage du prince Jérôme. — 1560. *Gros*. Capitulation de Madrid.

12e SALLE (Pl. 79). 1565. *Rouget*. Mariage de Napoléon.

Salle de Marengo (Pl. 80). — 1567. D'après *David*. Le premier consul traverse les Alpes. — 1570. *Drolling*. Convention après la bataille de Marengo. — 1566. *Thévenin*. Passage du Grand Saint-Bernard. — La porte du fond, ornée de colonnes de marbre, donne accès dans les cinq salles (Pl. 60 et 61) réservées au président du Congrès, lorsque le Congrès se réunit à Versailles.

1re **Galerie de sculpture.** — Bustes et statues de savants, d'artistes, de généraux, d'hommes politiques, depuis Louis XVI jusqu'à nos jours. Les moulages de tombeaux anciens placés dans cette galerie lui ont fait donner le nom de *Galerie des Tombeaux*. Elle sert, avec le vestibule Napoléon, de salle des Pas-Perdus aux députés et sénateurs, lors des séances du Congrès. — Au milieu de la galerie, à dr., deux portes conduisent à la salle du Congrès, dont l'entrée est dans la cour des Princes, à dr. en sortant (s'y adresser pour la visiter).

VESTIBULE DE L'ESCALIER DES PRINCES (Pl. 82). — Bustes et statues de princes et de rois de France, par *Pradier*, *Brion*, *Desprez*, etc. — Bustes :

Le Nôtre par *Coysevox*, Watteau par *Vilain*, Ch. Lebrun par *Coysevox*, Mignard par *Desjardins*. — L'escalier des Princes conduit au 1er étage (galerie des Batailles, V. p. 33).

1er étage.

AILE DU NORD

Du vestibule de la chapelle (Pl. II, 1), deux escaliers, à dr. et à g. de l'entrée de la chapelle, conduisent au 1er étage (on accède aussi au 1er étage par l'escalier de marbre et celui des Princes).

Vestibule (Pl. 83), décoré de colonnes et de pilastres d'ordre corinthien (aux quatre angles du plafond, *Les Quatre parties du monde*, bas-reliefs en stuc; à dr. la Gloire, groupe par *Vassé*, à g. la Magnanimité, par *Bousseau*). — Sur ce vestibule s'ouvre la tribune de la chapelle (V. p. 18).

Laissant à dr. la 2e galerie de sculpture, et, à g., les plus beaux appartements du Château, on entre à dr.

2e Galerie de l'histoire de France, divisée en 10 salles rappelant des faits historiques relatifs aux années 1795 à 1835 (à négliger, si on a peu de temps; entrer, dans ce cas, tout de suite au Salon d'Hercule).

1re salle (Pl. 84) : de 1797 à 1800. — 1687. *Langlois*. Combat de Benouth. — 1682. *Colson*. Entrée de Bonaparte à Alexandrie. — 1684. *Hennequin*. Bataille des Pyramides.

2e salle (Pl. 85) : année 1803. — 1695. *Lebel*. Napoléon à l'hospice du Saint-Bernard. — 1710. *Bacler d'Albe*. Bivouac de l'armée française la veille de la bataille d'Austerlitz.

3e salle (Pl. 86) : année 1807. — 1715. *Regnault*. Le Sénat reçoit les drapeaux enlevés à l'Autriche. — 1721, 1723. *Ponce-Camus*. Napoléon au tombeau de Frédéric; Napoléon à Osterode.

4e salle (Pl. 87) : année 1809. — 1739. *Hersent*. Combat de Landshut.

5e salle (Pl. 88) : année 1809. — 1749. *Bellangé*. Bataille de Wagram. — 1746. *Meynier*. Napoléon à l'île de Lobau.

6e salle (Pl. 89) : année 1812. — 1763. *Langlois*. La Moskowa. — 1760, 1761. *Langlois*. Combats de Smolensk et de Polotsk.

7e salle (Pl. 90) : année 1814. — 1766. *Beaume*. Bataille de Lutzen. — 1771. *Langlois*. Bataille de Montmirail.

8e salle (Pl. 91) : Restauration. — 1778. *Gros*. Louis XVIII quitte les Tuileries. — 1787. *Delaroche*. Prise du Trocadéro.

9e salle (Pl. 92). — 1793. *Gros*. Revue à Reims. — 1792. *B. Gérard*. Sacre de Charles X. — 1791. *H. Vernet*. Revue de la garde nationale par Charles X.

10e salle (Pl. 93). — 1814. *Heim*. La Chambre présente au roi Louis-Philippe l'acte qui l'appelle au trône. — 1810. *Court*. Le duc d'Orléans signe la proclamation de la Lieutenance.

Escalier de l'aile du Nord (Pl. 94). — 1834. *Houdon*. Buste de Louis XVI. — Cet escalier, qui conduit au rez-de-chaussée dans la 1re galerie de l'histoire de France, et, au 2e étage, à l'Attique du Nord, donnerait accès dans l'ancienne salle de spectacle, que l'on ne visite que par la rue des Réservoirs.

De l'escalier de l'aile du nord on entre à dr. dans la 2e galerie de sculpture.

2e Galerie de sculpture. — 1854. La *princesse Marie d'Orléans*. Jeanne d'Arc. — 1853. *Seurre*. Charles VII. — 1882. *Anguier*. La duchesse de Montmorency. — 1901. *Lemoyne*. Philippe d'Orléans. — 1875. *Coysevox*. Richelieu. — 1818 et 1915. *Pradier*. Le lieutenant général Damremont et le duc d'Orléans. — 1869. *G. Pilon*. Henri III. — 1847. *Foyatier*. Suger. — 1866, 1862. *G. Pilon*. Charles IX, Henri II.

Au milieu de la galerie où se trouve le groupe de *Bosio* : l'Histoire et les Arts consacrant la gloire de la France, on entre, à g. et à dr. de l'*escalier des Ambassadeurs* (statues dans des niches par *Foyatier*, *Pradier*, *Nanteuil*, etc.), dans les salles, au nombre de 7, qui servaient autrefois de logements à des seigneurs de la cour et où ont été réunis de **remarquables tableaux relatifs aux campagnes d'Afrique, de Rome, de Crimée, du Mexique.**

1re SALLE (Pl. 98). — Bustes en marbre de personnages du second Empire : Morny, Abattucci, etc. — 1994. *Dubufe*. Congrès de Paris. — 5004. *Gérome*. Réception des ambassadeurs de Siam. — *Horace Vernet*. Mac-Mahon à Magenta.

2e SALLE (Pl. 99). — *Yvon*. La retraite de Russie. — *Gustave Doré*. Bataille d'Inkermann.

3e SALLE (Pl. 104). — 2031. *H. Vernet*. Siège de Rome. — 5032. *Baucé*. Prise du fort Saint-Xavier devant Puebla. — 2028, 2027. *H. Vernet*. Bataille d'Isly; La Smalda d'Abd-el-Kader (toile longue de 21 m. 39). — 5030. *Teissier*. Le prince président rend la liberté à Abd-el-Kader.

CABINET (entre les salles 104 et 103). — Buste de Lamoricière, par *Iselin*.

4e SALLE (Pl. 103). — 2018, 2021, 2022, 2023, 2026, 2016. *H. Vernet*. Combat de l'Habrah; Episode du siège de Constantine; Occupation du col de Mouzaïa; Attaque d'Anvers.

5e SALLE (Pl. 102). — Bustes de généraux du second Empire. — 1970, 1969 et 1971. *Yvon*. Episodes du siège de Sébastopol. — 5014. *Pils*. Bataille de l'Alma. — 5017. *Rigo*. Bataille de Solférino. — 5016, 5015. *Yvon*. Solférino; Bataille de Magenta.

6e SALLE (Pl. 101). — 1953, 1050, 1951. *Couder*. Installation du conseil d'Etat; Le Serment du jeu de Paume; Fête de la Fédération. — 1955. *Vinchon*. Ouverture des Chambres en 1814.

7e SALLE (Pl. 100). — 1935. *Vinchon*. Enrôlements volontaires. — *Müller*. L'Appel des dernières victimes de la Terreur. — *Georges-Bertrand*. Patrie! (épisode de la guerre de 1870-71).

Au sortir de la 2e galerie de sculpture (*V.* ci-dessus), on traverse le vestibule.

PARTIE CENTRALE.

Salon d'Hercule (Pl. 105). — Ce salon, qui sert d'entrée aux grands appartements, fut, jusqu'en 1710, la partie supérieure de l'ancienne chapelle alors établie dans l'espace correspondant en dessous, qui sert aujourd'hui de passage pour se rendre au jardin. Là furent célébrés les mariages du duc de Chartres, du duc du Maine, du duc de Bourgogne; là retentit la parole de Bossuet, celle de Massillon et celle de Bourdaloue. — **Plafond** : Apothéose d'Hercule, par *Le Moyne*. Cette composition, une des plus vastes connues, a 18 m. 50 de longueur sur 17 m. de largeur, et contient 142 figures. — 2032. *P. Mignard*. Portrait de Louis XIV. — 2033. *Franque* (d'après *Lebrun*). Le Passage du Rhin.

Salon de l'Abondance (Pl. 106). — Plafond : l'Abondance, par *Houasse*. — Tableaux de batailles, par *Van der Meulen*. — On entre à g. dans trois salles prenant jour sur la cour royale.

Salles à gauche du salon de l'Abondance (Pl. 137, 138). — Ces deux salles renferment des gouaches, fort remarquables par leur minutie et leur exactitude, par *Van Blarenberghe*, représentant les campagnes du règne de Louis XV et des dessins d'anciens costumes militaires français.

Salle dite des Etats-Généraux (Pl. 139). — Peintures de l'époque de Louis-Philippe, rappelant les anciennes assemblées françaises. — *Couder*. Les Etats généraux de 1789. — Statue de Bailly, par *Saint-Marceaux*.

On revient dans le salon de l'Abondance.

Guides Joanne PALAIS DE VERSAILLES. (1er et 2e Etages). HACHETTE et Cie _ Paris.

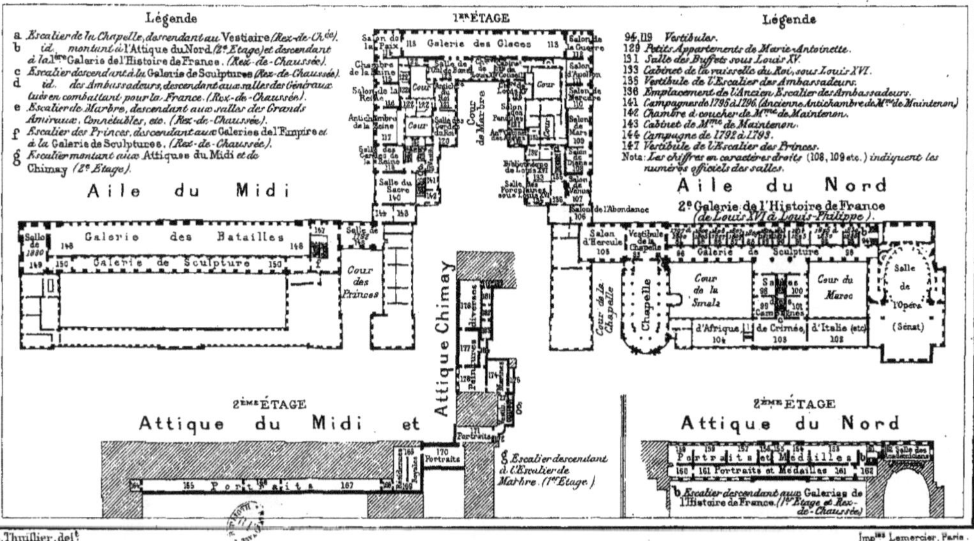

Légende
a Escalier de la Chapelle, descendant au Vestiaire (Rez-de-Chée).
b id. montant à l'Attique du Nord (2e Etage) et descendant à la 1ère Galerie de l'Histoire de France. (Rez-de-Chaussée).
c Escalier descendant à la Galerie de Sculptures (Rez-de-Chaussée).
d id. des Ambassadeurs, descendant aux salles des Généraux tués en combattant pour la France. (Rez-de-Chaussée).
e Escalier de Marbre, descendant aux salles des Grands Amiraux, Connétables, etc. (Rez-de-Chaussée).
f Escalier des Princes, descendant aux Galeries de l'Empire et à la Galerie de Sculptures. (Rez-de-Chaussée).
g Escalier montant aux Attiques du Midi et de Chimay (2e Etage).
1ER ÉTAGE
Galerie des Glaces
Cour de Marbre
Aile du Midi
Galerie des Batailles
Galerie de Sculpture
Cour des Princes
Salle du Sacre 140
Légende
94, 119 Vestibules.
129 Petits Appartements de Marie-Antoinette.
131 Salle des Buffets sous Louis XV.
133 Cabinet de la vaisselle du Roi, sous Louis XVI.
135 Vestibule de l'Escalier des Ambassadeurs.
136 Emplacement de l'Ancien Escalier des Ambassadeurs.
141 Campagnes de 1795 à 1796. (Ancienne Antichambre de Mme de Maintenon.)
142 Chambre à coucher de Mme de Maintenon.
143 Cabinet de Mme de Maintenon.
144 Campagne de 1792 à 1793.
147 Vestibule de l'Escalier des Princes.
Nota: Les chiffres en caractères droits (108, 109 etc.) indiquent les numéros officiels des salles.
Aile du Nord
2e Galerie de l'Histoire de France (de Louis XVI à Louis-Philippe).
Salon d'Hercule 105
Chapelle
Cour de la Chapelle
Cour de la Smala
Cour du Maroc
Salle de l'Opéra (Sénat)
d'Afrique 104
de Crimée 103
d'Italie (etc) 102
Attique Chimay
2ÈME ÉTAGE
Attique du Midi et
Portraits
g Escalier descendant à l'Escalier de Marbre. (1er Etage.)
2ÈME ÉTAGE
Attique du Nord
Portraits et Médailles
b Escalier descendant aux Galeries de l'Histoire de France. (1er Etage et Rez-de-Chaussée)
L. Thuillier, delt
Impies Lemercier, Paris.

Salon de Vénus (Pl. 107). — Dans cette salle étaient placées les tables destinées à la collation, les jours d'appartement (*V.* ci-dessous). — Plafond : le Triomphe de Vénus, par *Houasse*. — Dans une niche : Louis XIV en empereur romain, par *Varin*.

Salon de Diane (Pl. 108). — Il servait de salle de billard sous Louis XIV. — Plafond : Diane, par *Blanchard*. — 2040. Buste en marbre de Louis XIV, par *le Bernin*. Le jet hardi des cheveux et l'aspect flamboyant des draperies attestent la fougue du maître italien, qui avait 68 ans quand il fut appelé en France. — 2041. *Rigaud*. Portrait de Louis XIV.

Salon de Mars (Pl. 109). — Cette pièce servit, sous Louis XIV, de salle de jeu, de bal et de concert. — Plafond : au milieu, Mars, sur un char tiré par des loups, par *Audran*. Le compartiment du côté du salon de Diane est de *Jouvenet*, celui du côté du salon de Mercure est l'œuvre de *Houasse*. — Dessus de porte : la Justice, la Modération, la Force et la Prudence, par *Simon Vouet*. — Portraits du temps. — 2058. *Yvart* (d'après Lebrun). Sacre de Louis XIV. — 2059. *Mathieu* (d'après le même). Entrevue de Louis XIV et de Philippe IV. — Tableaux de batailles, de l'école de Van der Meulen.

Salon de Mercure (Pl. 110). — C'était une chambre de parade appelée *chambre du lit*, et pour laquelle Delobel avait composé un ameublement merveilleux. Après la mort de Louis XIV son cercueil fut exposé pendant huit jours dans cette chambre, qui d'ordinaire servait aux jeux du roi les jours *d'appartement*. « Ce qu'on appelait *appartement*, dit Saint-Simon, était le concours de toute la cour, depuis 7 h. du soir jusqu'à 10, que le roi se mettait à table, dans le grand appartement, depuis un des salons du bout de la grande galerie jusque vers la tribune de la chapelle. » — Plafond : Mercure sur un char tiré par deux coqs, par *J.-B. Champagne*. — Tableaux d'après Lebrun et Van der Meulen. — Portraits de Louis XIII, d'Anne d'Autriche, de Gaston d'Orléans, de Marguerite-Louise d'Orléans, grande-duchesse de Toscane, etc.

Salon d'Apollon (Pl. 111). — C'était autrefois la *salle du Trône*. Les trois pitons qui retenaient le dais sont encore en place. C'est là que Louis XIV reçut la soumission du doge de Gênes, ce doge qui répondit aux courtisans qui lui demandaient ce qu'il trouvait de plus extraordinaire à Versailles : « C'est de m'y voir ». C'est là aussi que Louis XIV reçut les ambassadeurs de Siam, les envoyés du dey d'Alger; que Louis XV reçut les envoyés de Mahomet V; et Louis XVI, ceux de Tippoo-Saëb, le dernier nabab du Mysore. — Plafond : Apollon accompagné des Saisons, par *Lafosse*. — Portrait (remarquable à cause de sa singulière coiffure) de Marie-Louise d'Orléans, fille aînée de Monsieur, mariée à Charles II, roi d'Espagne. — Portraits d'Henriette d'Angleterre; de Mlle de Montpensier, etc.

Salon de la Guerre (Pl. 112). — Ce salon occupe, avec la grande galerie et le salon de la Paix, toute la façade ajoutée du côté des jardins au palais de Louis XIII. — Plafond : la France armée de la foudre et tenant un bouclier sur lequel est l'image de Louis XIV, par *Lebrun*. Les voussures, du même peintre, représentent Bellone; l'Allemagne, la Hollande, l'Espagne, épouvantées des victoires de Louis XIV. Ces tableaux et ceux qui se trouvent dans la galerie des Glaces, *n'ont pas eu peu de part*, dit Saint-Simon, *à irriter et à liguer toute l'Europe contre le roi*. — Au-dessus de la cheminée, Louis XIV à cheval (n° 2090), bas-relief en stuc, par *Coysevox*. — Six bustes d'empereurs romains (têtes en porphyre et draperies en marbres de différentes couleurs).

Grande galerie des Glaces (Pl. 113). — Louis XIV la fit élever à la place d'une terrasse pavée de marbre, qui formait un renfoncement entre deux pavillons. Elle a 73 m. env. de longueur sur 10 m. 40 de largeur et 13 m. de hauteur; elle est éclairée par 17 fenêtres en arcades cintrées sur les jardins, auxquelles répondent en face 17 arcades feintes remplies de glaces dans toute leur hauteur. Les fenêtres et les arcades sont séparées de chaque côté par 24 pilastres à bases et à chapiteaux dorés. Dans les trumeaux pendent des trophées de bronze doré. La voûte, en plein cintre, est symétriquement divisée en 7 grands compartiments et 18 petits, entourés de figures allégoriques, soutenant des trophées ou des guirlandes, avec cette surabondance excessive autorisée par l'emploi que les grands maîtres italiens en ont fait dans ce genre d'ouvrages. Cette galerie fut composée par *Lebrun*, qui peignit, vers 1679, les grands tableaux sur toile marouflée. Les 23 figures d'enfants posées sur la corniche, ainsi qu'une partie des trophées, sont dus à *Coysevox*. Outre les 7 grands compartiments du plafond, il y en a deux autres aux extrémités de la galerie. Tout ce fastueux travail est exclusivement consacré à la gloire de Louis XIV. Dans les cartouches au-dessous des tableaux sont des inscriptions, généralement attribuées à Boileau et à Racine. — Dans certaines circonstances, comme pour la réception de l'ambassadeur du roi de Perse, Louis XIV faisait transporter le trône dans la grande galerie. Cette galerie fut témoin de bien des fêtes. Une des plus brillantes, sous Louis XIV, eut lieu à l'occasion du mariage du duc de Bourgogne. C'est là que le roi de Prusse fut couronné empereur d'Allemagne, le 18 janvier 1871, et que le centenaire de la réunion des Etats-Généraux fut solennellement commémoré, le 5 mai 1889, par le président Carnot, entouré de tous les grands corps de l'Etat.

1er tableau, au-dessus de l'entrée du salon de la Guerre : Alliance de l'Allemagne et de l'Espagne avec la Hollande (1672).

2e tableau, au-dessus de l'entrée du salon de la Paix : la Hollande accepte la paix et se détache de l'Allemagne et de l'Espagne (1678).

Plafond. — Voici l'indication des grands tableaux, en commençant du côté du salon de la Guerre : — 1er tableau (occupant toute la voûte) : Passage du Rhin (1672). — A l'autre extrémité est figurée la prise de Maestricht en 1673. — 2e (à dr.) : Le roi arme sur terre et sur mer (1672). 3e (à g.) : Le roi donne ses ordres pour attaquer en même temps quatre des plus fortes places de la Hollande. Ce tableau, moins allégorique que les autres, représente le roi tenant un conseil de guerre avec le duc d'Orléans, Condé et Turenne. — 4e (occupant toute la voûte) : Le roi gouverne par lui-même (1661). — A l'autre extrémité sont figurées l'Allemagne, l'Espagne et la Hollande, avec cette inscription : « L'ancien orgueil des puissances voisines de la France ». — 5e (à dr.) : Résolution prise de châtier les Hollandais (1671). — 6e (à g.) : La Franche-Comté conquise pour la seconde fois (1674). — 7e (occupant toute la voûte) : Prise de la ville et de la citadelle de Gand en six jours (1678). — A l'autre extrémité, l'artiste a cherché à figurer les mesures des Espagnols rompues par la prise de Gand.

Les 18 médaillons que contient le plafond, outre ces grandes compositions, consacrent le souvenir de quelques autres événements du règne.

Quatre statues en marbre ont remplacé dans les niches les statues antiques; côté des jardins : Mercure et Pâris, par *Jacquot* (1827); en face : Vénus devant Pâris, par *Dupaty*; et Minerve, par *Cartellier* (1822).

Au milieu de cette galerie, de larges portes donnent accès dans les appartements du roi. On entre d'ordinaire par la première à g., si l'on veut voir d'abord le cabinet du conseil et la chambre de Louis XIV. On revient dans ce cas à la galerie des Glaces par l'Œil-de-Bœuf.

Si on suit la galerie jusqu'au bout, on trouve le

Salon de la Paix (Pl. 114). — Plafond : la France sur un char tiré par quatre tourterelles et entourée de figures allégoriques. Les voussures représentent l'Espagne, l'Europe chrétienne en paix, l'Allemagne et la Hollande. — Bustes d'empereurs romains.

Chambre de la Reine (Pl. 115). — Trois reines, Marie-Thérèse, Marie Leczinska, Marie-Antoinette, ont couché dans cette chambre. La duchesse de Bourgogne y mourut. Marie-Antoinette y mit au monde tous ses enfants. Un flot de curieux, selon l'étiquette autorisée, se précipitaient alors dans la chambre de la Reine.

Un souvenir plus émouvant reporte ici l'esprit à cette nuit du 6 octobre 1789, quand, vers 6 h. du matin, au cri poussé par un garde du corps : « Sauvez la reine ; ses jours sont en danger ! » deux femmes de chambre, qui veillaient dans un salon voisin, accoururent auprès de Marie-Antoinette. S'élançant hors de son lit, elle courut, à peine vêtue, par un couloir communiquant avec l'Œil-de-Bœuf, se réfugier auprès du roi, qu'elle trouva dans la chambre où il couchait (*a*, plan III). La porte du passage par lequel se sauva la reine existe encore à g., au fond de la pièce ; elle est surmontée du portrait de Marie-Antoinette, par *Mme Lebrun*. — On voit encore les pitons qui soutenaient le dais du lit de la reine.

Aux voussures, quatre peintures en grisaille : la Fidélité, l'Abondance, la Charité, la Prudence, par *Boucher*. — Au-dessus des portes, côté du salon de la Paix : la Jeunesse et la Vertu présentent deux princesses à la France, par *Natoire*; en face : la Gloire s'empare des enfants de France, peinture d'une agréable couleur, par *Detroy* (1734). — 2092. *Testelin* (d'après Lebrun). Le Mariage de Louis XIV. Le roi et Marie-Thérèse semblent s'épouser de la main gauche. Cette singularité s'explique parce que cette toile était destinée à être reproduite à l'envers sur une tapisserie des Gobelins. — 2095. *Antoine Dieu*. Mariage du duc de Bourgogne. — 2096. *Nattier*. Marie Leczinska.

·Salon de la Reine (Pl. 116). — Le *cercle de la reine* se tenait dans cette pièce. Son siège était placé sur une estrade, sous un dais, dont on voit encore les pitons d'attache. — Plafond : Mercure protégeant les sciences et les arts, et, dans les voussures, Sapho, Pénélope, Aspasie, par *Michel Corneille*. — Tableaux, par *Dulin*, *de Sève* et *Christophe*. — Portraits du duc de Bourgogne et du duc de Berry

Salon du grand couvert de la Reine (Pl. 117), ou *antichambre de la Reine*. — Cette salle servait au *grand couvert* de la reine, auquel le public était admis. Marie Leczinska dînait ainsi tous les jours. — Plafond : la Famille de Darius aux pieds d'Alexandre, répétition du tableau de *Lebrun*, qui se voit au Louvre. Dans les voussures sont représentées des héroïnes de l'antiquité et des divinités mythologiques. — Portraits de Louis XIV, par *Lebrun*, de Mme de Soubise et du comte de Vermandois (à dr. de la 1re fenêtre); de Mme de Maintenon, du comte de Toulouse (à g. de la 2e fenêtre). — 2108. *Gérard*. Le duc d'Anjou déclaré roi d'Espagne (Salon de 1824). — 2107. *Hallé*. Réparation faite par le doge de Gênes.

Salon des Gardes de la Reine (Pl. 118). — C'est la porte entre la salle précédente et celle-ci qu'entr'ouvrirent les femmes de chambre de Marie-Antoinette, le 6 octobre 1789 au matin, et qu'elles se hâtèrent de fermer au verrou, quand elles eurent entendu le cri de détresse du garde du corps qui la défendait. C'est ici qu'il fut laissé pour mort. La foule, armée de piques, s'était introduite dans le château par l'escalier de Marbre, dont le palier vient aboutir derrière la salle des gardes de la reine. — Plafond : Jupiter entouré de figures allégoriques, et, dans les voussures, Ptolémée rendant la liberté aux Juifs, Alexandre Sévère faisant distribuer du blé, Trajan et Solon, par *N. Coypel*. — 2117. *Santerre*, Joli portrait de la duchesse de Bourgogne. A l'aide de ce portrait et du buste de Coysevox, placé dans la chambre de Louis XIV, on peut retrouver complète la physionomie de cette princesse, qui fut les délices de la cour de Louis XIV.

Grande salle des Gardes (Pl. 140). Louis XIV et Louis XV y tinrent des lits de justice. — Plafond : Allégorie du 18 brumaire, par *Callet*. — Dessus de portes : le Courage, le Génie, la Générosité, la Constance, ouvrages médiocres de *Gérard*. — 2278. *David*. Distribution des aigles, composition célèbre. — 2276. *Gros*. Bataille d'Aboukir. Cette fougueuse peinture, reléguée dans un grenier à Naples, put être rachetée, en 1824, par l'artiste, grâce à l'entremise de la duchesse d'Orléans (depuis la reine Amélie); elle fut acquise, dit la notice, en 1833, par la liste civile, moyennant 25,000 fr. — 5046. *Vela*. Statue assise de Napoléon mourant, achetée à l'Exposition universelle de 1867. — *Roll*. Célébration du centenaire des États Généraux par le président Carnot, le 5 mai 1889. La scène est au bassin de Neptune, dont les jeux d'eau restaurés jouent pour la première fois. Le président est entouré de ministres et de personnages officiels; dans la foule qui lui fait une ovation, le peintre a représenté beaucoup de visages connus.

De la grande salle des Gardes on traverse le palier de l'**escalier de Marbre**. Cet escalier, qui portait autrefois le nom d'escalier de la Reine, doit son nom aux placages de marbres de diverses couleurs disposés avec symétrie dont sont revêtus les murs, aux blocs de marbre formant les balustrades et aux dalles en marbre qui pavent les vestibules et les paliers. — Traversant un petit vestibule (Pl. 119), on entre dans les appartements du roi après avoir laissé à dr. l'appartement, détruit et sans intérêt à visiter, de Mme de Maintenon (Pl. 141-143).

Salle des Gardes du Roi (Pl. 120). — 2130. Tableau représentant le carrousel donné par Louis XIV devant les Tuileries, le 5 juin 1662. Du côté opposé, cheminée monumentale en marbre. — Tableaux de batailles, par *Martin*, ou d'après *Van der Meulen*.

Antichambre du Roi (Pl. 121). — Cette pièce servait de salle à manger du roi pour le repas public ou *grand couvert*; les fils et petits-fils de France avaient seuls le droit d'y prendre place. — Les panneaux de cette salle sont ornés de 12 tableaux de *Parrocel*, avec lesquels on remarque (panneau du milieu, côté de la salle des Gardes) une Bataille d'Arbelles, par *Pierre de Cortone*. — 2149. *École française du XVIII*e *s*. Institution de l'ordre militaire de Saint-Louis, 10 mai 1695. Ce tableau, qui offre un intérêt particulier parce qu'il représente Louis XIV dans sa chambre à coucher, n'a pas servi, en 1838, de guide pour la restauration de cette chambre. — Au-dessus de la cheminée, une Bataille, de *Parrocel*. — Tableaux de *Van der Meulen*. — A une extrémité de la pièce est un petit modèle en bronze de la statue équestre moderne de Louis XIV, par *Petitot*, que l'on voit dans la cour du Château.

Salle de l'Œil-de-Bœuf (Pl. 123). — Cette salle est ainsi appelée de la fenêtre ovale, ou *œil-de-bœuf*, pratiquée au-dessus de la fenêtre du fond. C'était l'antichambre du roi ; c'était là que les courtisans venaient attendre le lever du maître.

Un tableau (par *Nocret*), que l'on y voit encore, reste comme l'une des plus curieuses preuves de cette espèce d'idolâtrie dont on entourait Louis XIV et à laquelle il se prêtait complaisamment. Il y est représenté, ainsi que sa famille, avec les emblèmes des divinités de l'Olympe. Voici les personnages de ce travestissement mythologique : Louis XIV, en *Apollon*; un peu au-dessous : Marie-Thérèse, en *mère des Amours*; debout derrière le roi : Mlle de Montpensier, en *Diane*; Monsieur, en *étoile du matin* qui va saluer le soleil; à sa gauche : Henriette d'Angleterre, en *Flore*; près de celle-ci : Anne d'Autriche, en *Cybèle*; dans le fond du tableau : les filles du duc d'Orléans, Mme de Guise, Mme de Toscane et Mme de Savoie, sous les figures des trois *Grâces*; Mademoiselle, reine d'Espagne, en *Zéphire*; la reine d'Angleterre, mère de Madame, assise près de Monsieur, tient un trident. Cet étrange tableau rend presque concevable l'assertion paradoxale de Saint-Simon : « Si le roi n'avait peur du diable, il se serait fait adorer. »

Chambre à coucher de Louis XIV.

Un couloir ouvrant sur la salle de l'Œil-de-Bœuf, à g., communique avec les *Cabinets de la reine* (Pl. 122. — *V.* p. 32).

Chambre à coucher de Louis XIV (Pl. 124). — Cette pièce devint la chambre à coucher du Roi en 1701. C'est là que se renouvelaient les cérémonies du lever et du coucher, fastidieuses pour tout autre que lui. « A 8 h., le premier valet de chambre en quartier, qui avait couché seul dans la chambre du roi et qui s'était habillé, l'éveillait. » (Saint-Simon). Quand le roi quittait Versailles seulement pour quelques jours, un valet de chambre y restait et couchait au pied du lit pour le garder.

Louis XIV dînait souvent dans sa chambre. « Le dîner était presque toujours au *petit couvert*, c'est-à-dire seul dans sa chambre, sur une table carrée vis-à-vis de la fenêtre du milieu. Il était plus ou moins abondant, car il ordonnait le matin : petit couvert ou très petit couvert. Mais ce dernier était toujours de beaucoup de plats et de trois services sans le fruit (Louis XIV était gros mangeur). » (Saint-Simon).

Le lit et l'ameublement de cette chambre étaient l'œuvre de Simon Delobel, tapissier, valet de chambre du roi. Delobel employa douze ans pour confectionner ce travail, qui prit rang parmi les merveilles du temps et qui était consacré au Triomphe de Vénus. On voit encore sur le dossier l'Amour endormi sur des fleurs, au milieu des nymphes. Plus tard, quand s'éveillèrent les scrupules religieux, « la courte-pointe Delobel fut échangée contre un couvre-pied brodé par les demoiselles de Saint-Cyr. On y voyait le Sacrifice d'Abraham (il forme aujourd'hui le ciel du lit) et le Sacrifice d'Iphigénie; singulier rapprochement, qui révèle la double inspiration de Mme de Maintenon et de Racine! » Le lit a été retrouvé dans les dépôts de la couronne : le couvre-pied, vendu pendant la Révolution, après avoir traîné quelque temps, en deux morceaux, en Allemagne et en Italie, et avoir été vainement offert à Louis XVIII et à Charles X, fut racheté par Louis-Philippe. La balustrade a été également retrouvée au Garde-Meuble; on n'a eu qu'à la faire redorer. — De chaque côté du lit on voit deux tableaux de la Sainte-Famille, des écoles italienne et flamande, à la place de St Jean, par Raphaël, et de David, par le Dominiquin, qui y étaient placés du temps de Louis XIV. Le tableau du Dominiquin (aujourd'hui dans les grands appartements) le suivait dans ses voyages à Marly, à Saint-Germain et à Fontainebleau. — A g. du lit on voit encore un portrait en cire de Louis XIV, à l'âge de 66 ans, par *Antoine Benoist*. Le portrait de la reine Anne d'Autriche, par *Mignard*, était déjà dans cette pièce sous Louis XIV. On le voit au-dessus d'une porte, en face de celui (nº 2169) de la duchesse de Bourgogne. Les autres portraits, placés à l'époque de la restauration du Château, représentent des membres de la famille royale. — Sur la fausse cheminée est un buste en marbre, par *Coysevox*, de la duchesse de Bourgogne.

Le milieu du plafond n'avait été décoré d'aucune peinture. Au-dessus de la corniche sont les quatre Évangélistes, par *Valentin*.

C'est dans cette chambre, sinon dans ce lit, que mourut Louis XIV, après un règne de 72 ans. Lorsque Louis XV revint à Versailles, en 1732, il occupa aussi cette chambre, et la conserva jusqu'en 1738. Le cérémonial suivi à la mort du roi était le suivant : le premier gentilhomme se présentait à la croisée qui donne sur la cour de Marbre, en criant trois fois : *Le roi est mort!* Puis, brisant sa canne et en prenant une autre, il reprenait : *Vive le roi!* — En même temps, on plaçait l'aiguille de l'horloge du palais sur l'heure à laquelle le monarque avait rendu le dernier soupir. Elle y restait immobile jusqu'à la mort de son successeur. Cet usage fut observé par Louis XV; mais, après lui, Louis XVIII, seul, est mort sur le trône : c'est à sa mort que cette cérémonie fut accomplie pour la dernière fois, en 1825.

Cabinet du Roi ou **Cabinet du Conseil** (Pl. 125). — Cette salle, sous

Louis XIV, était divisée en deux pièces, qui furent réunies sous Louis XV. La plus éloignée de la chambre du roi était le *cabinet des perruques* (Louis XIV changeait de perruque plusieurs fois par jour). La pièce touchant la chambre était le cabinet du roi ou *cabinet du conseil*, ainsi nommé parce que Louis XIV y travaillait avec ses ministres. « La salle actuelle, dit M. de Nolhac, a été faite en 1755. C'est le plus beau salon Louis XV du Château, et les boiseries sont dues au sculpteur Rousseau ». Il s'y est décidé, sous Louis XV et sous Louis XVI, les plus importantes affaires de l'État. Ce fut là, le 23 juin 1789, dans l'embrasure de la première croisée, que M. de Brézé vint tout éperdu annoncer à Louis XVI la résistance des députés sommés de se séparer, et la foudroyante réponse de Mirabeau : « Nous sommes ici par la volonté du peuple, et nous n'en sortirons que par la force des baïonnettes! »

On y voit une pendule curieuse, faite en 1706 par Morand. Les dessus de porte, par *Houasse*, représentent : Minerve naissant armée du cerveau de Jupiter; Minerve dans l'Olympe; Minerve sur le Parnasse; la dispute de Minerve et de Neptune.

Cabinets et petits appartements.

Ces petits appartements, situés au premier étage dans la partie centrale, forment deux divisions : l'une à dr. (côté du N.) de la cour de Marbre et de la cour Royale, composée des appartements particuliers du roi; l'autre à g. (côté du S.) de la cour, composée de l'appartement particulier de Marie-Antoinette.

Côté du Nord. — **Cabinets du roi. — Chambre à coucher de Louis XV** (pl. 126). — Ce fut d'abord une salle de billard sous Louis XIV. Ce prince excellait à ce jeu. Plus tard, cette pièce fut agrandie par la réunion de deux petites pièces attenant à la cour des Cerfs (*V.* ci-dessous). Elle est située entre cette cour et la cour de Marbre. Louis XV en fit sa chambre à coucher et y mourut. Immédiatement après sa mort, « le château resta désert. Tout le monde s'empressa de fuir la contagion, qu'aucun intérêt ne donnait le courage de braver » (Mme Campan). — Les portraits en dessus-de-porte sont ceux des filles de Louis XV.

Cabinet des pendules (Pl. 127). — En 1749, une pendule indiquant les jours, les mois, les années, les phases de la lune, etc., y fut placée. Le bronze est signé de *Caffiéri*. On voit sur le parquet une méridienne qui passe pour avoir été tracée par Louis XVI, et, sur des dessus de table en stuc, les plans figurés des forêts de résidences royales.

Ancien cabinet des agates (Pl. 130). — Ce cabinet, sous Louis XIV, renfermait les pierres précieuses et les bijoux. Il reçut diverses destinations. C'est d'une des fenêtres de ce cabinet que Louis XV, seul avec un ami, voyant passer de loin le convoi de Mme de Pompadour, prononça ces paroles : « Ce sont les derniers devoirs que je puisse lui rendre! »

Arrière-cabinet du Roi (Pl. 131).

Cabinet de Madame Adélaïde, dit aussi Salon de musique (Pl. 132), à cause des trophées d'instruments qui se remarquent dans la décoration. — « Ce cabinet, ainsi que la bibliothèque et la salle à manger à la suite, occupent l'emplacement de la petite galerie et de ses deux salons, dont les peintures étaient de Pierre Mignard. Avant la construction de cette petite galerie en 1685, cette partie du palais était habitée par Mme de Montespan. » (*Notice du Musée.*) Cette galerie fut détruite à son tour, quand on établit l'appartement de Mme Adélaïde, fille de Louis XV.

Bibliothèque de Louis XVI (Pl. 133). — Cette pièce date de 1775. C'était auparavant la chambre à coucher de Mme Adélaïde.

Salon des porcelaines, sous Louis XVI (Pl. 134). — Cette pièce était ainsi nommée parce que les plus beaux produits de la manufacture de Sèvres y étaient exposés au 1er janvier.

Ancien escalier des ambassadeurs. — Ce magnifique escalier fut détruit en 1750; il était décoré de peintures par Lebrun et Van der Meulen, et de sculptures par Coysevox. La salle 135 et l'escalier actuel occupent une partie de son emplacement. — L'escalier actuel a été construit par Louis-Philippe (deux toiles intéressantes de Ch. Parrocel).

Au-dessus des cabinets de Louis XV et de l'ensemble de pièces qu'on vient de visiter se trouvaient ses petits appartements proprement dits, dont une partie fut habitée par Mme du Barry. C'est dans cette partie supérieure du palais que Louis XVI s'occupait de travaux de serrurerie, sous la direction d'un ouvrier nommé Gamain, qui construisit, au commencement de 1792, la fameuse armoire de fer. Quelques jours avant le procès de Louis XVI, Gamain fit au ministre Roland la révélation de cette cachette secrète, révélation que lui seul pouvait faire. Plus d'un an après la mort de Louis XVI, Gamain adressa à la Convention nationale une pétition dans laquelle, à la suite d'une odieuse accusation de tentatives d'empoisonnement sur sa personne par Louis XVI, il demandait une pension. Une pension viagère de 2.000 livres lui fut effectivement accordée, *à compter du jour de l'empoisonnement!*

On revient à la salle de l'Œil-de-Bœuf pour visiter les appartements de la Reine, qui s'ouvrent au fond à dr.

Côté du Sud. — **Cabinets de la Reine**, dits **Petits appartements de Marie-Antoinette** (Pl. 122). — Ces petites pièces intimes, prenant leur jour par une petite cour intérieure et desservies par un petit escalier, étaient, sous Louis XIV, les dépendances du service intime de Marie-Thérèse. Quand la duchesse de Bourgogne prit possession des appartements de la reine, des additions et des changements furent faits à cette partie du château. Sous Louis XV, Marie Leczinska y ajouta des bains et un cabinet d'étude où elle se livrait à l'innocente distraction de la peinture. Marie-Antoinette donna à ces élégantes pièces leur forme définitive. C'est là qu'elle recevait familièrement cette société de prédilection qui souleva tant de jalousies : la comtesse Jules de Polignac et sa belle-sœur Diane; MM. de Guines, de Coigny, d'Adhémar, de Bezenval, de Polignac, de Vaudreuil, de Guiches, et le prince de Ligne.

Couloir de communication. — C'est par ce couloir de service, établissant une communication avec l'Œil-de-Bœuf, que Marie-Antoinette se sauva le matin du 6 octobre 1789. Il communique avec la chambre de la reine (V. p. 27).

Méridienne. — Les boiseries sont de l'époque de Marie-Antoinette.

Première bibliothèque. — Ce cabinet servait d'atelier de peinture à Marie Leczinska. Les verrous et les boutons de porte sont au chiffre de Marie-Antoinette.

Deuxième bibliothèque. — Cette pièce était le cabinet de bains de Marie Leczinska.

Grand cabinet ou Salon de la Reine. — Sur la cheminée, un beau buste de Marie-Antoinette jeune, par *Pajou*. « La décoration, écrit M. de Nolhac (*La Reine Marie-Antoinette*, 6e éd.), est blanc et or. Les panneaux présentent des sphinx ailés adossés à des trépieds fumants et enguirlandés de roses, comme pour un sacrifice à l'Amour; dans le bas, des amours aux yeux bandés. En face des fenêtres est une niche de glaces dont le cintre est drapé de soie. Des meubles charmants, grêles et fins, ornaient cette retraite, où Marie-Antoinette passait la plus grande partie de son temps. Ses audiences particulières avaient lieu ici... Gluck et les musiciens qu'elle protégeait ont fait entendre leur musique dans ce petit salon, assez grand pour l'intimité d'une reine. »

On sort des cabinets de Marie-Antoinette par la salle des Gardes de la Reine (Pl. 118), d'où on peut visiter la partie méridionale du château. On gagne, par la grande salle des gardes (Pl. 140), la

SALLE DE 1792-93 (Pl. 144). — *Lami.* Deux toiles militaires de premier ordre : Bataille de Wattignies; Bataille d'Hondschoote. — *Philippoteaux.* Capitulation de la citadelle d'Anvers.

SALLE DE 1792 (Pl. 145), salle des Cent-Suisses sous Louis XVI. — 2333. *Léon Cogniet.* La garde nationale de Paris part pour l'armée. — 2333. *Mauzaisse* (d'après H. Vernet). Bataille de Valmy. — 2336. *H. Scheffer* (d'après H. Vernet). Bataille de Jemmapes. — Nombreux portraits de guerriers illustres. — Au centre, colonne de Sèvres surmontée d'une statue de la Victoire.

SALLES DES AQUARELLES (à dr. de la précédente). — Ces salles, au nombre de 8, formaient l'appartement du duc de Bourgogne, puis du cardinal Fleury et de la duchesse de Polignac. Elles contiennent 256 aquarelles, sépias ou fusains représentant des costumes militaires, des sièges, des batailles, par *Bagetti*, *Dutertre*, *J.-B. Isabey*, *Gérard*, *Hennequin*, *S. Fort*, etc. On obtient, à la Conservation du Musée, la permission de les visiter.

VESTIBULE DE L'ESCALIER DES PRINCES (Pl. 117); on y vend des notices et des photographies.

AILE DU MIDI (1er étage).

Galerie des Batailles (Pl. 148). — Cette splendide galerie, d'une étendu, presque double de celle de la grande galerie des Glaces, a 120 m. de longueur et 13 m. de largeur; elle a été ouverte, en 1836, à la place d'une série d'appartements habités sous Louis XIV par Monsieur, frère du roi, le duc et la duchesse de Chartres. Elle est recouverte en fer, éclairée par le haut et décorée avec la plus grande richesse. Le plafond, à voussures, est soutenu aux extrémités et au milieu par des groupes de colonnes. Elle contient plus de 80 bustes des princes du sang, des amiraux, connétables, maréchaux de France et autres guerriers célèbres, tués en combattant pour la France. Dans l'embrasure des fenêtres, des plaques de bronze portent, en lettres d'or, les noms de tous les personnages militaires qui ont également donné leur vie pour la patrie et l'indication du combat où ils ont péri. Cette longue liste (elle ne comprend pas les officiers d'un grade inférieur à celui de général de brigade) commence à Robert le Fort, comte d'Outre-Maine, mort en 866, et se continue jusqu'à nos jours (guerre de 1870-71). De grandes toiles sont consacrées à reproduire les souvenirs des principaux faits militaires de notre histoire. Parmi ces tableaux, nous citerons particulièrement, en faisant le tour par la g. : — 2670, 2672. *Ary Scheffer.* Bataille de Tolbiac; Charlemagne à Paderborn. — 2674. *Horace Vernet.* Bataille de Bouvines. — 2676. *Eug. Delacroix.* Bataille de Taillebourg. — 2678. *Larivière.* Bataille de Mons-en-Puelle. — 2715. *Gérard.* Entrée d'Henri IV à Paris, un chef-d'œuvre dont la couleur a malheureusement un peu verdi. — 2721. *Heim.* Bataille de Rocroi. — 2737. *Dévéria.* Bataille de la Marsaille. — 2740 et 2741. *Alaux.* Batailles de Villaviciosa et de Denain. — 2743. *Horace Vernet.* Bataille de Fontenoy. — 2744, 2747. *Aug. Couder.* Bataille de Lawfeld; Prise d'York-Town. — 2748. *Mauzaisse.* Bataille de Fleurus. — 2756. *Philippoteaux.* Bataille de Rivoli. — 2765. *Gérard.* Bataille d'Austerlitz, même observation que pour le nº 2715. — 2768, 2772, 2776. *Horace Vernet.* Bataille d'Iéna; Bataille de Friedland; Bataille de Wagram. Ces tableaux complètent l'exposition si considérable et si remarquable d'Horace Vernet, à Versailles. Cet artiste, qui dut entreprendre de lointaines excursions pour aller étudier sur les lieux les scènes qu'il devait peindre, « figura pour 843,000 fr., dit M. de Montalivet, dans les acquisitions ou les commandes ordonnées par Louis-Philippe ». Sur des chevalets sont placés provisoirement de grands tableaux récents : Reischoffen, par *Aimé Morot*, et la bataille de Champigny (épisode) par *A. de Neuville*, tableau acheté 30,000 fr. en 1892 et provenant du panorama de Champigny longtemps exposé à Paris.

Salle de 1830 (Pl. 149). — Louis-Philippe avait consacré cette salle à la révolution de juillet 1830, origine du pouvoir des d'Orléans. — Plafond par *Picot*. — 2785. *Larivière*. Arrivée du duc d'Orléans sur la place de l'Hôtel-de-Ville. — 2787. *Ary Scheffer*. Le lieutenant général du royaume reçoit le 1er régiment des Hussards. – 2786. *Gérard*. Lecture à l'Hôtel de Ville de la déclaration des députés. — 2789. *Court*. Le roi donne des drapeaux à la garde nationale. — En sortant on tourne à g., si on tient à voir la

Galerie de sculpture. — Statues et bustes des rois de France ou de personnages célèbres, depuis Philippe VI jusqu'à Louis XVI. Moulages. Nous signalerons : 1866. *Rude*. Statue du maréchal de Saxe. — 2861. *Pradier*. Le duc de Vendôme. — 2842, 2853. *Coysevox*. Colbert ; Bossuet. — 2858. *Houdon*. Tourville. — 2844. *Coysevox*. Le P. Letellier. — 2819. *Anguier*. Gaspard de la Châtre. — *Lemaire*. Louis XIV. — 2792. *Seurre*. Gaston de Foix ; etc.

2e étage (Attiques).

Le deuxième étage comprend, divisées en trois parties, des salles intéressantes où sont surtout exposés des portraits historiques réunis à l'époque de Louis-Philippe.

Cette partie du Musée, qui avait été fort mal classée, subit en ce moment un remaniement général, qui a entraîné la fermeture de l'Attique du Midi.

En quittant la galerie des Batailles, on peut se rendre, par l'escalier moderne continuant le grand *escalier de Marbre* (Pl. 173) à **l'Attique Chimay**, divisée en 10 salles contenant des portraits et des tableaux historiques.

1re SALLE OU SALLE DE LA RÉVOLUTION FRANÇAISE (Pl. 174). Cette salle est destinée à recueillir les documents iconographiques authentiques sur l'époque de la Révolution. On y trouvera d'importants portraits : *Bounieu*. Mirabeau, pastel. — *Hauer*. Charlotte Corday, tableau exécuté d'après nature au tribunal révolutionnaire par l'auteur, qui était alors officier de la garde nationale. C'est le seul portrait authentique de l'héroïne. — *David*. Marat mort, étude à la plume, très poussée. — *Heinsius*. Madame Roland. — *Kocharski*. Marie-Antoinette au Temple, dans ses habits de veuve. — *Hubert Robert*. Fête de la Fédération au Champ de Mars, le 14 juillet 1790, un des meilleurs tableaux de l'artiste. — *Duplessis-Bertaux*. Prise des Tuileries, le 10 août 1792, etc.

2e SALLE (Pl. 176). — Portraits de la famille d'Orléans, par *Winterhalter*. — Sur la cheminée, le duc d'Orléans, par *Ingres*.

3e SALLE (Pl. 177). — 5131. *Bonnat*. Thiers ; Montalivet. — 5124. *Isabey*. Transbordement des restes de Napoléon. — 5123. *Bellangé*. La Mouzaïa. — 5128. *Philippoteaux*. Combat de Montebello. — 1209. *Rouget*. Dugommier.

4e SALLE (Pl. 178). — 5143. *Hébert*. Le prince Napoléon. — 4712. *Mme Lebrun*. Marie-Caroline, reine de Naples. — *Flandrin*. Napoléon III. — 1567. *L. David*. Portrait équestre de Bonaparte. — 5145. *Dubuffe*. La princesse Mathilde. — 5141. *Hébert*. La princesse Marie-Clotilde.

5e SALLE (Pl. 179). — Marine, par *Isabey*.

6e SALLE (Pl. 180). — *Privat*. Portrait de Lamartine. — 5164. *Tessier*. Abd-el-Kader. — 5153. *Delloy*. Dumas père. — 292. *David Maxime*. Abd-el-Kader (miniature). — 5156. *Landelle*. Musset. — D'après *Couture*.

Michelet. — 5150. *Vibert.* Guizot. — 5149. *Mlle Jaquiot.* Ingres. — *P. Guérin* Lamennais. — 5151. D'après *Robert-Fleury.* Delaroche. — *Mouchot.* Victor Cousin.

7ᵉ SALLE (Pl. 181). — 5101, 5160. *Granet.* Baptême du duc de Chartres; Remise de la barrette au cardinal de Cheverus.

8ᵉ SALLE (Pl. 182). — 5176. *Isabey.* Débarquement de Louis-Philippe à Portsmouth. — 5165. *Menjaud.* Derniers moments du duc de Berry.

9ᵉ SALLE (Pl. 183). — 5122. *Court.* Mariage du roi des Belges. — 5121, *Dévéria.* Louis-Philippe prête serment.

10ᵉ SALLE (Pl. 184). — 5188. *Gassies.* Bivouac de la garde nationale. — 5185, 5180. *H. Vernet.* Le duc d'Orléans partant pour l'Hôtel de Ville; Le duc d'Orléans sauve la vie à M. Siret. — 5186. *Bourgeois.* Prise de l'Hôtel de Ville.

Attique du Nord. — On s'y rend du 1ᵉʳ étage par l'escalier de la salle de spectacle (Pl. 94). — Buste de Louis XVI, par *Houdon.*

Cette attique, divisée en 11 salles, renferme une partie de la vaste **collection de portraits** réunie dans les galeries de Versailles. Ces portraits sont ceux des personnages célèbres depuis le XVᵉ jusqu'au XVIIIᵉ s. Un assez grand nombre sont des originaux, bien que la majeure partie ne soit pas signée. Dans les embrasures des fenêtres est exposée une collection de médailles, en bronze ou en plâtre, riche surtout pour le XVIIᵉ s.

1ʳᵉ SALLE (Pl. 152), à dr. de l'escalier. — Portraits d'académiciens.

2ᵉ SALLE (Pl. 153), à g. de l'escalier. — Portraits du XVᵉ et du XVIᵉ s. Petits panneaux de l'école des Clouet, etc. — Ex-voto représentant Jeanne d'Arc à côté de la Madone (cette précieuse relique, contemporaine de l'héroïne, et qui la montre avec une auréole de sainte, ne permet malheureusement pas de juger de ses traits).

3ᵉ SALLE (Pl. 154). — Portraits de Charles IX à Henri IV.

4ᵉ SALLE (Pl. 155). — Portraits du règne de Louis XIII. — 3391. *Ph. de Champaigne.* Le cardinal de Richelieu.

5ᵉ SALLE (Pl. 156). — Portraits de la régence d'Anne d'Autriche. — 3484. *École française.* La duchesse de Guise. — 3466. *Lebrun.* L. Testelin, peintre. — 3470. *Ph. de Champaigne.* Arnaud d'Andilly. — 3488. *Lebrun.* Turenne. — 3465. *Séb. Bourdon.* L'auteur. — 3440. *Ph. de Champaigne* (?). Anne d'Autriche, régente.

6ᵉ SALLE (Pl. 157). Portraits du siècle de Louis XIV. — 3531. *P. Mignard.* Le marquis de Villacerf. — 3514. *Ph. de Champaigne.* Mansart et Perrault. — 3264. *P. Mignard.* Anne-Marie de Bourbon.

7ᵉ SALLE (Pl. 158). — Suite du siècle de Louis XIV. — 3586. *Detroy.* Mansart. — 3578. *Rigaud.* Portrait de Mignard. — 3629. *P. Mignard.* Le duc d'Anjou.

8ᵉ SALLE (Pl. 159). — Suite du siècle de Louis XIV. — 3680. *H. Rigaud* Portrait de l'auteur. — 3682. *Coypel.* Portrait de l'auteur. — 3637. *P. Mignard.* Mᵐᵉ de Maintenon.

9ᵉ SALLE (Pl. 160). — Portraits de la régence du duc d'Orléans. — 3709. *A. Bouys.* Portrait de l'auteur. — 2701. *Santerre.* L.-P. d'Orléans, et autres toiles par *J.-B. Vanloo, Belle, Drouais.*

10ᵉ SALLE (Pl. 161). — Portraits des règnes de Louis XV et de Louis XVI. — 3743. *Aved.* J.-B. Rousseau. — 3775. *Boucher.* Mᵐᵉ de Pompadour. — 3890. *Callet.* Louis XVI. — 3892. *Mᵐᵉ Lebrun.* Marie-Antoinette. — 3912, 3907, 3893. *Mme Lebrun.* La duchesse d'Orléans; La duchesse d'Angoulême et le Dauphin; Marie-Antoinette. — 3791. *Natoire.* Louis de France. — *Drouais.* Mesdames Sophie et Louise. — 3767, 3763. *Rigaud.* Ph. Orry; Le cardinal Fleury. — 3751. *C. Vanloo.* Louis XV. — 3750. *Rigaud.* Louis XV, etc.

11ᵉ SALLE (Pl. 162). — Portraits du règne de Louis XVI, par *Mengs, Drouais, Heinsius,* Mᵐᵉ *Guiard,* etc.

Salle de spectacle. — Cette salle, qui a été transformée en 1871 pour le Sénat, qui l'a occupée jusqu'en 1879, n'a pas été rendue à sa destination primitive. Elle a été construite sous Louis XV par Gabriel. Les peintures du plafond, par *Briard* et *Durameau*, représentaient Apollon, Vénus et l'Amour préparant des couronnes au génie.

Louis XIV, malgré son goût pour les représentations dramatiques, n'avait pas élevé de théâtre dans son palais. *La princesse d'Elide*, de Molière, et l'*Iphigénie*, de Racine, par exemple, furent représentées sur des théâtres improvisés, dans les bosquets du parc (*V.* ci-dessous). Plus tard, ce fut dans les appartements, souvent même sans décors et sans costumes, que furent représentés les chefs-d'œuvre de notre scène. *Athalie*, dit Louis Racine, fut exécutée deux fois, devant Louis XIV et Mme de Maintenon, dans une chambre sans théâtre, par les demoiselles de Saint-Cyr, vêtues de leurs modestes uniformes.

L'architecte Gabriel commença, en 1753, la construction de cette salle, par ordre de Louis XV, pour complaire à Mme de Pompadour, qui aimait beaucoup le spectacle; mais la favorite était morte et remplacée par Mme du Barry quand la salle fut terminée en 1770. Elle fut inaugurée, le 16 mai de la même année, pour le mariage du Dauphin avec Marie-Antoinette. Cette salle devait, dix-neuf ans plus tard, être témoin d'une fête dont les conséquences furent désastreuses pour la monarchie elle-même et pour le château de Versailles. Le 2 octobre 1789, pendant que la Révolution grondait aux portes du Château et que l'Assemblée nationale siégeait à quelques pas de là, les gardes du corps se réunirent dans un banquet aux officiers du régiment de Flandre; le repas fut servi dans la salle de l'Opéra. L'exaltation des convives, accrue par la présence du roi et de la reine portant le Dauphin dans ses bras, qui parurent dans la salle vers la fin du repas, les poussa à porter des toasts imprudents, à se livrer à des démonstrations dangereuses qui, trois jours après, devaient jeter le peuple sur Versailles et en chasser pour toujours la famille royale. — Louis-Philippe fit réparer cette salle, et l'inauguration en eut lieu le 17 mai 1837. — Le 10 mars 1871, l'Assemblée nationale, qui siégeait à Bordeaux, ayant décidé qu'elle siégerait désormais à Versailles, le théâtre fut aménagé à cet effet, et, lorsque la salle des séances de l'Assemblée eut été édifiée dans la cour de la surintendance, le Sénat (8 mars 1876) tint ses séances dans cette salle.

Salle du Congrès. — L'entrée (porte précédée de trois marches) est à g. de l'entrée de l'escalier des Princes (attendre le gardien qui conduit les visiteurs). On traverse les vestiaires des membres de l'Assemblée. Dans un escalier on remarque le buste d'Arago, par *Oliva*, et après avoir longé un autre vestibule orné de bustes de personnages célèbres, on entre à g. dans la salle du Congrès. Cette salle a été construite, en 1875, par M. de Jolly, dans la cour de la Surintendance, pour recevoir la Chambre des députés, et, depuis que les pouvoirs publics sont rentrés à Paris, elle est affectée aux réunions du Congrès. La salle est disposée en forme d'hémicycle, avec colonnades abritant les tribunes du public. Au-dessus de la tribune a été placée, au centre, une tapisserie d'après Raphaël; sur les côtés, deux statues figurent la *Concorde* et la *Sécurité*.

Dans un vestibule, compris dans les appartements de la Présidence, que l'on ne visite pas, ont été réunis le tombeau de Diane de Poitiers, provenant du château d'Anet, et diverses autres sculptures.

Les jardins.

Les renvois au plan indiqués dans la description des jardins se rapportent au Plan I : *Versailles et les Trianons*.

Nous indiquerons toutes les statues qui sont distribuées dans le parc. Bien qu'un nombre considérable de ces statues soient dépourvues de tout mérite et que plusieurs autres aient été mutilées, elles offrent cependant un certain intérêt, comme spécimens du style artistique de l'époque, et elles sont, le plus souvent, des énigmes allégoriques dont il est bon de donner la clef aux étrangers.

Les jardins de Versailles, déjà tracés en partie sous Louis XIII, ont été achevés par Le Nôtre (1613-1700). Le Nôtre étudia avec Lebrun dans l'atelier de Vouet. Il aurait pu se distinguer comme peintre; il se contenta d'être architecte et dessinateur de jardins. Le genre solennel introduit par lui dans le paysage servit de modèle et se répandit dans toute l'Europe. Si nous avons peine aujourd'hui à goûter la singulière géométrie qui, rognant et taillant avec une régularité désespérante, faisant de l'architecture et de la sculpture avec la verdure des arbres, les transforme en murailles, en pyramides, etc., on ne peut méconnaître cependant la grandeur de conception qui présida au tracé de ces jardins

Façade du palais. — Elle présente du côté des jardins un très long développement et une ligne de 125 fenêtres (23 à la façade centrale; 17 sur chacune des façades en retour, et 34 à chaque aile); ce qui donne 375 fenêtres pour le rez-de-chaussée et les deux étages.

Terrasse au pied du château. — Quatre belles statues en bronze, d'après l'antique, sont adossées au bâtiment du milieu : *Silène*, *Antinoüs*, *Apollon* et *Bacchus*. — Aux angles sont deux *vases* en marbre blanc : celui du nord, par Coysevox (bas-reliefs figurant la victoire des Impériaux sur les Turcs à l'aide des secours de Louis XIV, et la prééminence de la France reconnue par l'Espagne); celui du sud, par Tuby (bas-relief faisant allusion à la paix d'Aix-la-Chapelle et à celle de Nimègue).

Parterre d'eau (Pl. 1). — Il s'étend devant la façade centrale, et il est ainsi nommé parce qu'il présente, au lieu de tapis de gazon, deux bassins, contournés aux angles, dont la forme a été plusieurs fois changée. Ces bassins sont bordés d'une tablette de marbre blanc sur laquelle reposent de beaux groupes en bronze, fondus par les frères *Keller*, vers 1688 et 1690.

Bassin du Nord (qu'on longe quand on entre dans les jardins par la cour de la Chapelle). — Aux quatre angles, figures de fleuves : du côté du château, la *Garonne* (1688) et la *Dordogne*, par Coysevox; à l'autre bout, la *Seine* et la *Marne*, par Le Hongre (cette dernière est du côté S.).

Bassin du Midi. — Du côté du château : la *Loire*, tenant une corne d'abondance, et le *Loiret*, par Regnaudin; à l'autre extrémité : le *Rhône* appuyé sur une rame, et la *Saône*, par Tuby. Sur les longs côtés des deux bassins sont des groupes en bronze également par Legros, Van Clève, Magnier, Poultier, Raon, Lespingola, figurant des Nymphes ou des Naïades avec des Amours ou des Zéphirs, et des groupes d'enfants montés sur des dauphins, ou jouant avec des oiseaux et tenant des couronnes de fleurs, des roseaux, des coquilles. Du milieu de chaque bassin s'élance une gerbe d'env. 10 m., qu'entourent seize jets inclinés formant la corbeille.

Devant les deux ailes du palais s'étendent deux parterres : le parterre du Midi et le parterre du Nord.

Parterre du Midi (Pl. 2). — On y descend par un escalier de marbre blanc, aux angles ornés de *sphinx* en marbre, montés chacun par un enfant en bronze, de Lerambert; sur les perrons sont des vases, en marbre, par Bertin, et en bronze, par Ballin.

Ce parterre est orné de deux petits bassins, d'où sort une gerbe, et autour desquels sont des plates-bandes à dessins de broderies formés avec du gazon et du buis.

Sur l'angle O. de la balustrade qui règne le long du parterre et qui conduit à un escalier dont nous allons parler, est une statue de l'*Ariane couchée*, dite Cléopâtre, par Van Clève (d'après l'antique). Du haut des terrasses qui supportent le parterre du Midi on aperçoit la pièce d'eau des Suisses, dominée par le bois de Satory, et au-dessous de soi le parterre de l'Orangerie, à dr. et à g. duquel sont deux magnifiques escaliers, ayant 103 degrés chacun et 20 m. de largeur.

Sur la terrasse, à l'extrémité de l'aile du Midi, est une statue en plomb de Napoléon Ier, par *Bosio*. Elle était destinée à être placée dans le char de l'arc de triomphe de la place du Carrousel. — Dans une cour perdue au bas de cette terrasse est la statue en bronze du duc d'Orléans, par *Marochetti*, qui fut érigée, en 1844, dans la cour du Louvre.

Orangerie. — L'Orangerie, construite en 1685, par *Mansart*, est, par le caractère mâle et simple qui la distingue, par l'effet grandiose et pittoresque de ses deux rampes d'escaliers, « le plus bel ouvrage d'architecture qui soit à Versailles ». Elle se compose d'une galerie du milieu de 155 m. de longueur sur 12 m. 90 de largeur, et de deux galeries latérales ayant chacune 114 m. 43 de longueur.

Devant le bâtiment, et au pourtour d'un bassin, sont rangées, dans la belle saison, près de 1200 caisses d'orangers et de 300 caisses d'espèces variées. Le plus vieux des orangers (un bigaradier) est celui qu'on nomme le *Grand-Bourbon*, parce qu'il fut acquis en 1523 par la confiscation des biens du connétable de Bourbon; on croit qu'il fut semé en pot, à Pampelune, par Blanche de Navarre, en 1421; il aurait donc 475 ans. Transporté d'abord à Fontainebleau, Louis XIV le fit venir à Versailles en 1664.

Sous le bâtiment du milieu, vis-à-vis de la porte centrale, est une statue en marbre de Louis XIV, par *Desjardins*, destinée en 1686 à être dressée sur la place des Victoires à Paris. La tête, mutilée pendant la Révolution, a été refaite en 1816.

Pièce d'eau des Suisses. — La pièce d'eau des Suisses, que l'on aperçoit du haut de la terrasse du parterre du Midi, est

Pièce d'eau des Suisses, d'après une photographie de M. C. Guy

ainsi nommée parce qu'un régiment suisse fut employé à la creuser en 1679; elle a 400 m. de longueur sur 140 m. de largeur. A l'extrémité est une statue équestre qui devait représenter Louis XIV; ce dernier ouvrage du Bernin fut envoyé de Rome; Louis XIV en fut si mécontent qu'il voulut la faire briser. Girardon la retoucha et en fit un *Marcus Curtius*.

On se dirige vers la partie N. du jardin pour parcourir le second parterre qui s'étend devant l'aile du palais.

Parterre du Nord (Pl. 3). — Il est entouré de vases en bronze, par Ballin, Anguier, etc. A dr. et à g. du perron de l'escalier qui descend dans le parterre sont deux statues en marbre d'après l'antique : le *Scythe écorcheur*, vulgairement le *Rémouleur*, par Foggini, et la *Vénus accroupie*, par Coysevox. Dans la partie basse de ce parterre sont les deux *Bassins des Couronnes*, décorés des figures en plomb de Tritons et de Sirènes, par Tuby et Le Hongre. Un peu plus bas que les bassins des Couronnes est la *fontaine de la Pyramide* (Pl. 4), dont les sculptures en plomb sont l'œuvre de Girardon. Enfin, au-dessous de celle-ci est un bassin carré, où l'eau tombe en cascade. On remarque, sur la face principale de ce bassin, un beau bas-relief en plomb bronzé, représentant les *Nymphes au bain*, par Girardon; les autres bas-reliefs sont de Legros et de Le Hongre.

L'allée qui descend de ce bassin carré au grand bassin de Neptune est désignée sous le nom de l'*Allée d'Eau*. Avant de la prendre, nous indiquerons les statues adossées aux bosquets du pourtour du parterre du Nord. Ce sont, à dr. et en commençant du côté du palais : le *Poème héroïque*, par Drouilly; le *Flegmatique*, par Lespagnandelle; l'*Asie*, par Roger; le *Poème satirique*, par Buyster; — à dr. et à g. du bassin carré : le *Sanguin*, par Jouvenet; le *Colérique*, par Houzeau; — et, en continuant au delà de l'Allée d'Eau : l'*Hiver*, par Girardon; l'*Eté*, par Hutinot; l'*Amérique*, par Guérin; l'*Automne*, par Regnaudin.

L'allée qui longe la rampe du bosquet d'Apollon, dite *allée des Fontaines*, est ornée, en recommençant par le haut, de statues représentant : l'*Europe*, par Mazeline; l'*Afrique*, par Cornu; la *Nuit*, par Raon; la *Terre*, par Massou; le *Poème pastoral*, par Granier.

Allée d'Eau. — Cette allée en pente a été dessinée par Claude Perrault. Sur les bandes de gazon qui la partagent on remarque vingt-deux groupes, chacun de trois enfants, jeunes garçons et jeunes filles, Amours et Satyres, jouant, dansant, revenant de la chasse, exécutés par Legros, Lerambert, Massou. Ces groupes (dits populairement *Marmousets*) sont placés chacun au milieu d'un bassin en marbre blanc; ils soutiennent une cuvette de marbre du Languedoc, au milieu de laquelle s'élève un petit jet d'eau qui retombe en nappe dans le bassin inférieur.

A l'extrémité de l'Allée d'Eau se trouve à dr. l'entrée du bosquet de l'*Arc de Triomphe*, entièrement refait à la moderne, et dont l'arc de triomphe qui l'ornait a disparu. On y voit la *France* assise dans un char. Cette figure et celle de l'*Espagne*, appuyée sur un lion, sont de Tuby; celle de l'*Allemagne*, assise sur un aigle, est de Coysevox. Sur le premier degré de marbre se tord un dragon expirant, symbole de la triple alliance.

A l'issue de l'Allée d'Eau et entre cette allée et le bassin de Neptune on remarque un bassin rond (*bassin du Dragon*), d'où s'élancent neuf jets d'eau. Toutes les sculptures en plomb sont dues à des artistes modernes et n'ont aucun caractère Louis XIV.

Bassin de Neptune. — De tous les bassins du parc, le plus grand et le plus remarquable, tant par le caractère grandiose des sculptures qui le décorent que par l'abondance de ses eaux, est sans contredit le bassin de Neptune. C'est le jeu des eaux de cette merveille d'hydraulique que l'on réserve en dernier lieu comme une sorte de *bouquet*, qui termine magnifiquement la fête féerique des *Grandes eaux*.

Une longue tablette ornée de vingt-deux vases de plomb bronzé, et garnie d'un jet entre chaque vase, règne le long de la façade S. du bassin; ces jets et ceux qui s'élèvent de chaque vase, au nombre de 63, sont reçus dans un chenal d'où l'eau s'échappe dans de vastes coquilles placées aux angles et par des mascarons, pour retomber dans la grande pièce. — Sur la tablette inférieure sont trois vastes plateaux, sur lesquels sont placés des groupes de métal; au centre : *Neptune* ayant à sa gauche *Amphitrite*, assise dans une grande conque marine, par Adam aîné (1740); à g. : *Protée* gardant les troupeaux de Neptune et appuyé sur une licorne, par Bouchardon (1739); à dr. : l'*Océan*, par Lemoyne (1740). — Aux deux extrémités de la tablette circulaire sont placés deux *dragons marins montés chacun par un Amour* (par Girardon).

A dr. du bassin de Neptune est la *grille du Dragon*, qui mène dans Versailles au quartier Notre-Dame. Près de là, dans l'allée circulaire tracée en face du bassin de Neptune, on voit une assez belle statue de *Bérénice* (d'après l'antique), par Lespingola. Sous les massifs, en face du groupe de Neptune et d'Amphitrite, est un groupe dessiné par Lebrun et exécuté à Rome par Guidi, dans le style de décadence qui y régnait alors; il représente *la Renommée écrivant l'histoire de Louis XIV*. A l'autre extrémité, du côté de Trianon, dont on aperçoit le palais au bout d'une longue avenue sur laquelle ouvre la grille de Neptune, se dresse une statue de *Faustine* (d'après l'antique), par Frémery.

Après avoir visité cette première partie des jardins qui s'étend immédiatement devant le château, nous allons achever de les parcourir, en nous rapprochant peu à peu de Trianon. Pour cela, nous reviendrons nous placer en avant des deux grands bassins du *parterre d'eau*, au-dessus de l'escalier et des rampes qui descendent dans le parterre de Latone. De là, tournant le dos au palais, nous apercevons une longue perspective : à nos pieds s'étale le *parterre de Latone*; au delà s'ouvre une magnifique avenue bordée de futaies et ayant au milieu un champ de gazon nommé le *Tapis-Vert*; à l'extrémité du Tapis-Vert se montre le *bassin d'Apollon*, et, en arrière, un *grand canal* qui s'étend jusqu'à l'horizon. Pour procéder avec ordre dans notre promenade, nous visiterons d'abord le parterre de Latone et le Tapis-Vert, puis les parties latérales du parc.

Les deux fontaines (à g. et à dr. de l'escalier). — La fontaine du côté de l'Orangerie est appelée *fontaine du Point-du-Jour* (Pl. 5), du nom d'une statue qui l'avoisine, reconnaissable à l'étoile qu'elle porte sur le front, exécutée par Marsy. Des deux côtés de la fontaine, à g., l'*Eau*, œuvre charmante de Legros; à dr., le *Printemps*, par Magnier. — Des deux côtés de la *fontaine de Diane* (Pl. 6), à dr. : le *Midi* sous la figure de *Vénus*, par G. Marsy, et à g., le *Soir* sous la figure de *Diane*, par Desjardins. — En retour de la fontaine, l'*Air*, avec un aigle à ses pieds, par Le Hongre.

Sur l'appui de la bordure supérieure de chacune des fontaines sont des groupes d'animaux en bronze, fondus par les frères Keller (1687). Ils lancent de l'eau dans les bassins et représentent : un tigre terrassant un ours; un limier abattant un cerf, modelés par Houzeau; un lion combattant un sanglier, un lion terrassant un loup, par Van Clève.

Du parterre d'eau, on descend dans celui de Latone par un escalier central, ou par deux rampes douces qui se développent sur les côtés.

Aux angles de l'escalier du milieu sont deux *vases*, par Dugoulon et Drouilly. Quatre autres *vases*, placés sur le second perron formant terrasse, ont été faits à Rome, d'après l'antique, par Grimaud et d'autres élèves.

Voici maintenant l'indication des statues qui décorent les rampes.

Rampe de g. ou du S. : — *Le Poème lyrique*, par Tuby; — *Le Feu*, par Dossier; — *Prisonnier barbare* (d'après l'antique), par Lespagnandelle; — *Vénus Callipyge* (d'après l'antique), par Clérion; — *Silène portant Bacchus enfant* (d'après l'antique qui est au Louvre), par Mazière; — *Antinoüs* (d'après l'antique), par Legros; — *Mercure* (d'après l'antique), par Melo; — *Uranie* (d'après l'antique), par Carlier; — *Apollon du Belvédère* (d'après l'antique), par Mazeline. — En face de la statue d'Apollon est celle du *Gladiateur mourant* (d'après l'antique), par Mosnier.

Rampe de dr. ou du N. : — Le *Mélancolique*, par La Perdrix; — *Antinoüs* (d'après l'antique), par Lacroix; — *Prisonnier barbare* (d'après l'antique), par André; — *Faune* (d'après l'antique qui est au Louvre), par Hurtrelle; — *Bacchus* (d'après l'antique), par Granier; — L'impératrice *Faustine* sous la figure de *Cérès* (d'après l'antique), par Regnaudin; — L'empereur *Commode* sous la figure d'*Hercule* (d'après l'antique), par Nicolas Coustou; —

Uranie (d'après l'antique), par Frémery; — *Ganymède* (d'après l'antique), par Laviron, et, en face de Ganymède, la jolie statue de la *Nymphe à la coquille*, copie par Suchetet de la statue de Coysevox, d'après l'antique, qui a été transportée au Louvre.

Bassin de Latone (Pl. 7). — Le bassin de Latone, dont les plombs ont été récemment redorés, est au milieu du parterre (Pl. 8). Sur le plus élevé des gradins de marbre rouge étagés en pyramide, le groupe de Balth. Marsy : *Latone* avec ses deux

Bassin de Latone et Tapis-Vert.

enfants, *Apollon* et *Diane*, qui demande vengeance à Jupiter contre les insultes des paysans de la Lycie. Çà et là, au pourtour, des grenouilles, des lézards, des tortues, des paysans et paysannes, dont la métamorphose commence, lancent contre la déesse des jets d'eau qui croisent dans tous les sens leurs gerbes brillantes.

Les deux petits *bassins*, dits *des Lézards*, avec des gerbes de 10 m. env., placés plus bas, dans le parcours, font suite aux métamorphoses des paysans de la Lycie.

A dr. et à g. du bassin : huit vases, dont trois représentent un sacrifice à *Diane*; trois autres, une fête de *Bacchus*, œuvres de Cornu, d'après les vases antiques dits : Borghèse et Médicis. Les deux derniers vases, de Hardy et de Prou, représentent : le premier, le jeune dieu *Mars* sur un char tiré par des loups; le second, *Mars* assis sur des trophées et couronné par des génies.

Des Termes en marbre sont adossés aux bosquets des *quinconces du Midi* et *du Nord*. — Dans la demi-lune en avant du Tapis-Vert sont placés les groupes suivants : A g. (S.) : *Castor et Pollux* (d'après l'antique), par Coysevox; — *Arria et Pætus* (d'après l'antique), par Lespingola.

A dr. (N.) : *Papirius et sa mère* (d'après l'antique), par Carlier; — *Laocoon et ses fils* (d'après l'antique), par Tuby.

Grande allée du Tapis-Vert. — La belle avenue ouverte dans le centre du parc et qui relie le parterre de Latone au bassin d'Apollon, est remarquable par le long tapis vert qui s'étend au milieu et qui lui a fait donner son nom. Cette immense nappe de gazon sert d'arène à un exercice auquel se livrent, selon une tradition non interrompue, une foule de provinciaux, de parieurs de toutes conditions, qui essayent, un bandeau sur les yeux, d'arriver jusqu'au bout sans avoir dévié et quitté l'herbe pour le sable.

Le Tapis-Vert est bordé d'une double haie de vases et de statues dont voici les noms : — Côté g. (S.) : la *Fidélité* (dessin de Mignard), par Lefèvre; — *Vénus* sortant du bain, par Legros, statue intéressante, imitée d'un antique qui se trouvait au château de Richelieu; — *Faune* au chevreau (d'après l'antique), par Flamen; — *Didon* sur son bûcher, par Poultier; — *Amazone* (d'après l'antique), par Buirette; — *Achille* sous l'habit de *Pyrrha*, par Vigier (spécimen de mauvais style, vers 1695).

Côté dr. (N.) : La *Fourberie* (dessin de Mignard), par Leconte; — *Junon* (antique restauré); — *Hercule et Télèphe*, par Jouvenet; — *Vénus de Médicis* (d'après l'antique); — *Cyparisse* caressant son cerf, par Flamen; — *Artémise*, par Lefèvre et Desjardins.

A peu près aux deux tiers du Tapis-Vert, à g., on aperçoit le bosquet de la Colonnade (*V.* ci-dessous).

Revenant sur nos pas, nous allons décrire les deux grandes divisions du parc du Midi et du parc du Nord, séparées par le parterre de Latone et le Tapis-Vert. Nous commençons par le côté du S.

Les *bosquets* que nous indiquons sont ouverts au public de 10 h. du matin à la nuit. Les principaux sont fermés du 31 octobre au 1er mai.

BOSQUETS DU CÔTÉ GAUCHE (SUD).

Ces bosquets sont divisés dans leur longueur par une allée parallèle au Tapis-Vert, mais double de longueur : l'*allée de Saturne et de Bacchus*, ainsi nommée à cause des figures qui ornent deux bassins situés dans cette allée. Le premier bassin (du côté de l'Orangerie) est octogone; le groupe en plomb représente *Bacchus* et de petits Satyres, par les frères Marsy, d'après les dessins de Lebrun. — Le bassin le plus éloigné est rond; le groupe représente *Saturne* entouré d'enfants, par Girardon (dessin de Lebrun).

Nous visiterons maintenant les divers bosquets de cette partie g. du parc, en commençant par ceux du côté de l'Orangerie et en nous avançant successivement vers le grand canal.

Bosquet de la Cascade, dit **Salle de bal** (Pl. 9). — Ce bosquet, appelé ainsi parce qu'il a servi à cet usage dans plusieurs grandes fêtes, présente au fond une cascade composée de gradins en rocailles et en coquillages, et enrichie de vases et de torchères en métal bronzé. En face de la cascade, l'*Amour terrassant un Satyre*, joli groupe en marbre.

Bosquet de la Reine (Pl. 10). — Ce bosquet remplace l'ancien *labyrinthe*, supprimé en 1775. On y remarque un quinconce de tulipiers, décoré par quatre beaux vases en bronze et deux statues en bronze, d'après l'antique (*Vénus de Médicis* et *Gladiateur combattant*).

C'est dans ce bosquet que se passa, en 1785, une scène des plus singulières : le cardinal de Rohan, dupe d'intrigants et surtout de son aveugle crédulité, entrevit à la nuit une certaine Oliva, ayant une taille et une toilette pareilles à celles de Marie-Antoinette, et il crut avoir rencontré la reine. Dans l'espérance de rentrer en grâce auprès de cette princesse, mal disposée pour lui à cause de sa conduite politique comme ambassadeur à Vienne, il crut voir dans cette rencontre un mystérieux assentiment à négocier pour elle l'achat du collier de diamants de 1,600,000 fr., que le joaillier Bœhmer lui avait fait offrir et qu'elle avait précédemment refusé. C'est ainsi que se noua cette funeste affaire du collier, dont la malveillance s'arma pour répandre d'infâmes calomnies sur la reine, et qui a préparé contre elle la haine de la Révolution.

Nous prenons maintenant l'*allée de l'Automne* et, nous dirigeant du côté du parterre de Latone, nous passons devant le bassin de Bacchus et, au delà, nous entrons à g. dans le quinconce du Midi.

Quinconce du Midi. — Nous signalerons dans ce vaste espace, à l'E. de la salle des Marronniers, une suite de Termes en marbre exécutés d'après les dessins de Poussin, par Fouquet. Du côté du S. sont les sujets suivants : *Morphée*, un *Moissonneur*, *Flore*, une *Bacchante*; du côté du N. : *Pomone*, *Minerve*, *Hercule*, *Vertumne*. Dans plusieurs de ces Termes, le génie sévère de Poussin se retrouve encore à travers la traduction faite par le sculpteur.

Après avoir traversé le quinconce du Midi, nous arrivons à l'*allée de l'Hiver*, qui s'étend du Tapis-Vert au Jardin du Roi (*V.* ci-dessous); nous jetons un coup d'œil sur un *vase* en marbre, dessiné par Mansart, et, passant devant le bassin rond de Saturne, nous voyons au delà, à g., le bassin du Miroir.

Bassin du Miroir (Pl. 11). — On remarque autour quelques statues antiques très bien restaurées : une *Vestale* tenant une patère; *Apollon*; *Vénus*; une autre *Vestale*.

Jardin du Roi. — Le Jardin du Roi, promenade favorite des habitants de Versailles, remplace l'ancien bassin de *l'Ile d'Amour.* Il fut tracé par Dufour, architecte du roi Louis XVIII, et exécuté en trois mois. — De la porte d'entrée on aperçoit, sur le tapis de verdure, une colonne surmontée de la statue de Flore. — A l'extérieur et à l'extrémité se voient *Hercule Farnèse*, par Cornu, et *Flore Farnèse*, par Raon, statues colossales d'après l'antique.

Retournant au bassin de Saturne, nous entrons, à g., dans une avenue droite qui se dirige vers le bassin d'Apollon, et nous prenons, à g., une allée qui conduit au milieu de la Salle des Marronniers.

Salle des Marronniers (Pl. 12). — Cette salle, au N. du Jardin du Roi, se nommait autrefois la salle des Antiques, à cause des statues antiques qui l'ornaient; elle n'a conservé que les suivantes : *Antinoüs* et *Méléagre*, et les bustes (côté du S.) de *Marc-Aurèle*, d'*Othon*, d'*Alexandre*, d'*Apollon*, (côté du N.) d'*Annibal*, d'*Octavien*, de *Sévère*, d'*Antonin*.

Il ne nous reste plus, pour achever le parcours des bosquets du S., qu'à visiter celui de la Colonnade, dont la principale entrée est par l'allée du Tapis-Vert.

Bosquet de la Colonnade (Pl. 13). — Ce bosquet renferme un péristyle en marbre, de forme circulaire (32 m. de diamètre) et d'un riche aspect décoratif; il est composé de 32 colonnes en marbres de différentes couleurs, avec des chapiteaux en marbre blanc. Sur les colonnes viennent s'appuyer une suite d'arcades cintrées, ornées à leurs clefs de masques de Nymphes, de Naïades ou de Sylvains. Dans les tympans sont des bas-reliefs par Mazière, Granier, Le Hongre, Leconte et Coysevox. Sous les arcades sont placées 28 cuvettes en marbre, de chacune desquelles s'élève un jet d'eau qui retombe en cascade dans le chenal inférieur. Toute cette architecture a été exécutée par Lapierre, d'après les dessins de Mansart. — Au centre est l'*Enlèvement de Proserpine par Pluton*, groupe en marbre, chef-d'œuvre de Girardon, d'après les dessins de Lebrun; les bas-reliefs du piédestal, également de Girardon, figurent les diverses scènes de cet enlèvement.

En sortant de ce bosquet on descend, par le Tapis-Vert, jusqu'au bassin d'Apollon.

En avant de ce bassin s'élargit une demi-lune où des statues de marbre sont adossées aux massifs des bosquets. — A g. (S.) : *Ino se précipitant dans la mer avec son fils Mélicerte*, groupe par Granier, d'après Girardon; *Pan*, par Mazière, d'après Girardon; le *Printemps*, par Arcis et Mazière; *Bacchus*, par Raon; *Pomone*, par Le Hongre, et une statue de *Bacchus*, dont la partie supérieure a été refaite en 1853 par Duseigneur. — A dr. (N.) :

Aristée et Protée, d'après Girardon, par Slodtz, 1723; Termes de *Syrinx*, de *Jupiter* et de *Junon*, par Clérion, de *Vertumne*, par Le Hongre, et une statue antique en marbre de *Silène*.

Bassin d'Apollon et Canal. — A l'extrémité de la grande allée du Tapis-Vert se trouve le *bassin d'Apollon*. — Au centre, un groupe en plomb représente *Apollon* sur son char traîné par quatre chevaux et entouré de Tritons et de monstres marins, exécuté par Tuby, d'après les dessins de Lebrun. De la gerbe d'eau s'élancent trois jets : l'un de 18 m., et les deux autres de 15 m.

A la suite de ce beau bassin s'étend le **Grand Canal**, large de 62 m. et long de 1,558 m. Sous Louis XIV, cette majestueuse pièce d'eau était couverte de bâtiments de toutes formes, et principalement de gondoles vénitiennes. Les fêtes finissaient toujours par quelque feu d'artifice sur le canal.

Entre le bassin d'Apollon et le commencement du grand canal sont rangées, du côté g. (S.), les statues suivantes : — *Consul romain* (antique); — *Empereur romain* (antique); — La *Foi*, statue gracieuse, mais sans aucun style, par Clodion; — *Leucothoé* et *Bacchus* (antique); — *Hercule* (antique); — *Junon* (d'après l'antique). — Côté dr. (N.) : *Empereur romain* (antique); — *Bacchus* (antique); — *Apollon* (d'après l'antique); — La *Clarté*, figure bizarre, par Baldi; — *Hercule* (antique); — *Cléopâtre*.

Parvenus à cette extrémité du parc, nous pourrions visiter la partie N. des bosquets, successivement en remontant vers le château; mais, pour suivre une marche parallèle à celle que nous avons adoptée pour la description des bosquets de la partie S., nous recommencerons notre parcours depuis le parterre de Latone et de là, nous rapprochant peu à peu du bassin d'Apollon, quand nous y serons arrivés une seconde fois, notre examen du parc de Versailles étant terminé, nous n'aurons plus qu'à nous rendre aux Trianons.

BOSQUETS DU CÔTÉ DROIT (NORD).

Ces bosquets sont divisés dans leur longueur par une allée parallèle au Tapis-Vert : l'*allée de Flore et de Cérès*, ainsi nommée à cause des figures qui ornent deux bassins situés dans cette allée. Le premier bassin (du côté du château), octogonal, est décoré d'un groupe représentant *Cérès*, entourée d'Amours, par Regnaudin, d'après le dessin de Lebrun. — Le bassin le plus éloigné est rond; le groupe en plomb représente *Flore*, au milieu d'Amours, par Tuby, d'après le dessin de Lebrun.

Le premier bosquet que nous visitons de ce côté est celui des bains d'Apollon.

Bosquet des Bains d'Apollon (Pl. 14). — Ce bosquet a subi plusieurs changements. Trois ans après la replantation du parc, qui eut lieu en 1775, il fut composé sur un nouveau dessin, par Hubert Robert, qui était alors très à la mode comme dessinateur de jardins irréguliers. Il renferme un immense rocher dans lequel a été pratiquée une grotte décorée du célèbre groupe en marbre d'*Apollon et les Nymphes*, dû au ciseau de Girardon et de Regnaudin. On remarquera que, dans le groupe d'Apollon, une des Nymphes agenouillée tient une aiguière sur laquelle est sculpté le passage du Rhin. — A dr. et à g. sont : deux coursiers d'*Apollon* abreuvés par des *Tritons*, ouvrage de Guérin; et les *Tritons*, par les frères Marsy. — Par le gracieux agencement des eaux, de la verdure et de la sculpture, qu'il présente, le bosquet des Bains d'Apollon est, le jour des grandes eaux, une des merveilles de ce spectacle féerique.

Le Rond-Vert (Pl. 15). — Ce bosquet, planté sur l'emplacement du Théâtre d'eau, dont les dispositions sont reproduites dans les tableaux 737 et 738 de la salle des Résidences royales, est orné de quatre statues antiques, très endommagées, *Faune*, *Pomone*, *Cérès* et la *Santé*.

A l'extrémité du bosquet du Rond-Vert est un petit **bassin d'enfants**, représentés se jouant au milieu des eaux. Ces figures d'enfants sont en plomb et au nombre de huit.

De là, traversant l'*allée de l'Eté* (qui aboutit au bassin octogone de Cérès), nous entrons, en face, dans un bosquet d'égale grandeur, désigné sous le nom de bosquet de l'Etoile.

L'Etoile (Pl. 16). — A la place de ce bosquet était autrefois la Montagne d'eau. Au pourtour sont les statues antiques en marbre de *Mercure*, d'*Uranie*, d'une *Bacchante* et d'*Apollon*; et, dans l'allée circulaire, celles de *Ganymède* (d'après l'antique), par Joly, et de *Minerve*, par Bertin.

Entre l'Etoile et le Tapis-Vert s'étend le quinconce du Nord.

Quinconce du Nord. — Ce vaste espace ombragé, au S. du bosquet précédent, est décoré de Termes en marbre, exécutés à Rome d'après les dessins de Poussin; du côté du S. : *Flore*; l'*Eté*, par Théodon (en arrière): *Pan* et *Bacchus*; du côté du N. : *Faune*; l'*Hiver*, par Legros (en arrière); la *Libéralité* et l'*Abondance*.

A l'extrémité du quinconce du Nord, on aperçoit, dans l'*allée du Printemps*, un *vase* en marbre, par Robert. Le bosquet qui s'étend derrière ce vase est celui des Dômes. On y entre du côté du bassin de Flore et du côté du Tapis-Vert.

Bosquet des Dômes (Pl. 17). — Ce bosquet doit son nom à deux petits pavillons couverts d'un dôme qui ont été détruits. — Au milieu est un bassin entouré d'une balustrade en marbre blanc, ainsi qu'une terrasse avec une seconde balustrade. Sur le socle et les pilastres sont sculptés une suite de bas-reliefs

Bosquet des Bains d'Apollon, d'après une photographie de M. C. Guy.

représentant des trophées d'armes, par Girardon, Guérin et Mazeline. — Le bosquet est décoré des statues suivantes : *Impératrice romaine* et *Faune dansant* (d'après l'antique); — *Bacchus*, par Guill. Coustou; — *Diane*, par Frémin; — *Vénus de Médicis*, *Isis* (d'après l'antique); — *Melpomène* et *Thalie*, statues antiques.

Bassin d'Encelade (Pl. 18). — Il doit son nom à la figure d'*Encelade*, dont on aperçoit seulement la tête et les bras gigantesques au milieu de fragments de rochers. Le jet d'eau (23 m.), qui sort de la bouche du Titan, à demi enseveli sous les débris de l'Etna, est un des plus élevés du jardin.

Bassin de l'Obélisque (Pl. 19). — Ce bassin, situé derrière le bassin d'Encelade, doit son nom à la forme pyramidale que prennent ses eaux jaillissantes.

Les eaux de Versailles.

N. B. — Voir, aux *Renseignements pratiques*, les Grandes Eaux et l'ordre dans lequel elles jouent.

Les dispendieuses tentatives faites pour amener des eaux abondantes à Versailles ayant échoué, on dut organiser un vaste système de rigoles qui, contournant les hauts plateaux, ramassent les eaux de pluie et de neige fondue et vont les verser dans les étangs et les réservoirs creusés pour les recevoir. Les principaux étangs sont ceux de Trappes ou de Saint-Quentin, Saclay, Bois-d'Arcy, Saint-Hubert, Perray, etc. Le développement total des rigoles est de 157,625 m., sur une largeur moyenne de 20 m. env.

Le système des étangs fournit des *eaux hautes* et des *eaux basses*.

Les eaux hautes, qui sont celles de Trappes, viennent par un aqueduc souterrain, long de 10,772 m., et se réunissent, à l'E. de Versailles, dans les bassins de Montboron. Les eaux basses viennent de la plaine de Saclay; elles sont d'abord réunies dans des étangs et traversent ensuite la vallée de Buc au moyen d'un aqueduc. Elles arrivent dans Versailles à un niveau de 13 m. plus bas que celles de Montboron. Ces eaux, soit hautes, soit basses, se distribuent : une partie directement dans la ville ou dans le parc; une autre, amenée par des conduits, du bassin de Montboron au Château d'eau; une dernière, au grand réservoir, et de ces deux réservoirs elles vont alimenter les bassins du parc.

Selon un rapport publié sur les eaux de Versailles, le cube des eaux de tous les étangs, parvenues à leur niveau de déversement, est de 7,971,726 m. cubes, niveau qu'elles atteignent, du reste, rarement. La quantité moyenne est estimée à 5,321,151 m. cubes, quantité sur laquelle il s'opère une réduction d'un cinquième par suite des infiltrations et de l'évaporation. Sur cette quantité ainsi réduite, la consommation annuelle de la ville absorbe 2,182,460 m. cubes. On voit, d'après cela, quel est l'excédent disponible pour le jeu des eaux du parc. — D'importantes améliorations ont été apportées, dans ces dernières années, au système des eaux de consommation de la ville de Versailles, au moyen d'un plus grand développement de puissance donné à la machine de Marly.

Il faut distinguer dans le jeu des eaux ce qu'on appelle les *petites eaux* et les *grandes eaux*. Elles jouent alternativement tous les dimanches dans la belle saison. — Les *grandes eaux* se composent des bassins réservés, tels que la *salle de Bal*, la *Colonnade*, les *bains d'Apollon*, et surtout du *bassin de Neptune*. Les *petites eaux* commencent ordinairement à jouer vers trois heures. A quatre heures, commencent les *grandes eaux*; et, à partir de ce moment, outre les jeux nouveaux des bosquets, d'autres bassins, tels que ceux de Latone et d'Apollon, reçoivent un plus grand développement de leurs eaux jaillissantes. C'est alors qu'il faut savoir se diriger dans le parc pour visiter tour à tour ces merveilleux spectacles hydrauliques. Notre itinéraire fournit d'amples renseignements à cet égard. Du reste, la foule se porte d'elle-même et par tradition aux différents bassins, et finit par se rassembler autour du bassin de Neptune, qui joue vers cinq heures.

Les Trianons.

Direction. — On peut s'y rendre à pied, en une petite demi-heure, depuis les gares des chemins de fer. Si l'on arrive par celui de la rive g., il faut se rendre au Château, traverser le parc et, parvenu au bassin d'Apollon, prendre l'allée qui s'ouvre à dr., sortir du parc à g., à l'extrémité de cette allée, d'où l'on n'a que quelques centaines de pas à faire pour gagner la grille de la grande entrée (V. ci-dessous). Si l'on arrive par celui de la rive dr., on doit prendre le *boulevard de la Reine*, le suivre jusqu'à la *barrière de la Reine*, et, au delà de cette barrière, suivre encore un peu le prolongement qui aboutit obliquement à la grande avenue, bordée de doubles rangs d'arbres, qui elle-même va directement du bassin de Neptune au palais du grand Trianon.

N. B. — A l'extrémité d'une des branches du grand canal, dite *bras de Trianon*, on aperçoit deux rampes d'escalier qui montent au parc (réservé) du grand Trianon; mais ces escaliers sont fermés de grilles, et, si l'on arrivait de ce côté, il faudrait faire un détour sur la dr. pour gagner les entrées des deux Trianons.

Arrivé à l'esplanade sur laquelle s'ouvre la *grille de la grande entrée* (Pl. *d*, 1), on franchit cette grille et on suit la belle avenue qui va au palais du grand Trianon. (Après avoir dépassé la grille on peut gagner de suite le petit Trianon, en prenant à dr., derrière les bâtiments du concierge et du corps de garde, une allée bordée de peupliers). A l'extrémité de l'avenue, on arrive à une autre esplanade qui précède la cour du palais du grand Trianon. La porte d'entrée est à g., sous l'horloge.

Histoire. — Versailles était loin d'être achevé que déjà Louis XIV, après avoir acquis, en 1663, des moines de Sainte-Geneviève, des terres sur la paroisse de Trianon (désignée sous le nom de *Triarnum* dans une bulle du XIIe s.), s'y fit bâtir, en 1670, un petit château, ou plutôt un pavillon, pour aller s'y reposer des ennuis du faste et de la représentation. C'était d'abord, dit Saint-Simon, une *maison de porcelaine à aller faire des collations.* Au bout de quelques années, vers 1687, la fantaisie royale voulut, à la place de ce pavillon, avoir un palais. Mansart fut chargé d'en dessiner les plans et les constructions s'élevèrent rapidement. A cette occasion Saint-Simon raconte qu'une querelle des plus vives s'éleva entre Louis XIV et Louvois au sujet de la dimension d'une fenêtre. Le Nôtre l'ayant mesurée, sur l'ordre du roi, il se trouva que le roi avait raison ; et, comme Louvois protestait avec peu de modération, Louis XIV impatienté le fit taire et le malmena fort durement. S'il faut en croire cet écrivain satirique, Louvois, désespéré d'avoir encouru pour toujours la disgrâce du roi, et afin de prouver à Louis XIV qu'il ne pouvait pas se passer de lui, aurait, à propos de la double élection de Cologne, suscité la guerre qui amena la ruine du Palatinat.

Louis XIV venait fréquemment avec les princes et princesses de sa famille visiter cette résidence, et l'on jouissait de toutes ces nouveautés avec une ardeur singulière. Cependant, à partir de 1700, le roi ne coucha plus à Trianon, et, désenchanté de ce palais, il voulut encore se créer une autre habitation moins magnifique, mais plus commode. C'est alors que Mansart construisit pour lui le château de Marly. Les jardins furent replantés en 1776.

Louis XV fit, à l'instigation du duc d'Ayen, créer à côté de Trianon un jardin botanique célèbre par les expériences de Bernard de Jussieu et par ses arbres exotiques rapportés de l'Angleterre. Ce jardin, appelé le *petit Trianon*, était séparé, par une avenue, du grand Trianon. La fantaisie de Louis XV voulut bâtir là un château, diminutif du grand Trianon. Ce château du petit Trianon, construit en 1766 par Gabriel, est composé d'un pavillon formant un carré de 23 m. de façade. Louis XVI, lors de son avènement au trône, donna le petit Trianon à Marie-Antoinette ; elle y fit planter des jardins pittoresques, à l'*anglaise* ou naturels, que les Anglais appelaient *jardins chinois*. Au milieu de ces jardins, Mique, l'architecte de la reine, inspiré par le duc de Caraman, creusa un lac, traça des rivières, dissémina des maisons rustiques, sorte de décors d'opéra figurant un hameau, et éleva au milieu des bosquets le Temple de l'Amour et le Belvédère, près du grand rocher.

Marie-Antoinette prit ce séjour en affection. Elle venait s'y reposer dans l'intimité et y échanger le faste de Versailles contre d'innocentes, mais fort peu naïves imitations de la vie villageoise. Bientôt elle voulut y jouer la comédie. Elle interpréta fort bien les rôles de Colette dans le *Devin de village*, et de Rosine dans le *Barbier de Séville*. Beaumarchais assistait à cette dernière représentation qui avait lieu au moment même où le *Mariage de Figaro* remuait tout Paris et éveillait déjà ces passions révolutionnaires qui devaient éclater quatre ans plus tard et conduire à l'échafaud ou en exil les acteurs et les spectateurs du petit Trianon !

Vers 1797, un limonadier de Versailles, nommé Langlois, eut l'idée de louer le petit Trianon pour en faire un jardin public. Il y établit un restaurant, donna des fêtes avec illuminations et feux d'artifice. Ce fut dans ce jardin que Garnerin fit ses premières ascensions aérostatiques. Quant aux meubles, ils furent vendus à l'encan.

Napoléon fit faire des réparations aux deux Trianons et les fit meubler. Le jour de la dissolution de son mariage avec Joséphine, il se retira à Trianon, et l'impératrice à la Malmaison.

Louis XVIII et Charles X ne firent aucun séjour à Trianon ; mais ce dernier s'y arrêta en partant pour l'exil. Louis-Philippe y fit exécuter, par Ch. Nepveu, architecte, des travaux considérables. Le mariage de la princesse Marie avec le duc Alexandre de Wurtemberg y fut célébré en 1837. Le petit Trianon devint ensuite la résidence d'été du duc et de la duchesse d'Orléans. En 1848, Louis-Philippe, fuyant Paris, s'arrêta aussi à Trianon, après avoir quitté Saint-Cloud. En 1871, y siégea, sous la présidence du duc d'Aumale, le conseil de guerre qui condamna le maréchal Bazaine.

LE GRAND TRIANON

Le grand Trianon (V. Pl. *A*, *e*), le musée des voitures et le petit Trianon sont visibles tous les jours, excepté le lundi, du 1er avril au 30 septembre, de 10 h. du matin à 6 h. du soir; et, du 1er octobre au 31 mars, de 11 h. du matin à 4 h. du soir. La chapelle de Trianon n'est visible qu'avec passeport ou par tolérance officieuse (s'adresser au gardien).

Ce palais se compose du seul rez-de-chaussée, sans toit apparent et sans caves sous les appartements, avec deux ailes en retour d'équerre qui encadrent la cour. Les proportions de la façade sont élégantes.

Sous Louis-Philippe, de nombreuses améliorations furent apportées aux lacunes ou aux défectuosités des distributions intérieures. C'est à cette époque que la grande galerie, qui n'était qu'un simple corridor, fut transformée en salle à manger et que des communications souterraines furent créées à grands frais pour faciliter le service jusqu'à l'extrémité de l'aile de Trianon-sous-Bois.

Nous allons passer rapidement en revue les salles du château du grand Trianon et signaler les principaux objets d'art.

On entre à g. sous l'horloge, on traverse un *vestibule*, et on longe un *corridor* orné de gravures.

Salon des glaces (salle du Conseil des ministres sous Louis-Philippe; elle a vue sur la branche transversale du grand canal du parc de Versailles). — Au centre, table ronde de 2 m. 80 de diamètre, dont le dessus, en chêne de Malabar, est d'un seul morceau.

Chambre a coucher. — Lit sculpté et doré surmonté d'un médaillon portant les lettres L. P. et de deux cornes d'abondance. — Pendule en porcelaine de Sèvres. — Quatre tableaux de fleurs, par *Monnoyer*.

Cabinet de travail. — Quatre tableaux (épisodes de la vie de Minerve), par *Houasse*. — Portrait de Joseph II, empereur d'Autriche.

Salon de famille. — Grand vase de Sèvres; sur une console dorée, deux statuettes en bronze vert antique. — Quatre tableaux de fleurs, par *Monnoyer*. — Portraits de Louis XV et de Marie Leczinska, par *J.-B. Vanloo*. — Riche surtout de table.

Antichambre de l'aile gauche (salle des princes et des seigneurs sous Louis XIV). — Table dont le dessus est formé d'échantillons de marbres.

Grand vestibule. — L'ex-maréchal Bazaine a été jugé et condamné à mort dans cette salle. — La France et l'Italie, groupe en marbre par *Véla*, offert par les dames de Milan après la guerre d'Italie. — Le Tireur d'épine, la Joueuse d'osselets, statues en marbre d'après l'antique. — Jeune pâtre romain, par *Brun*. — L'Amour, par *Lorta*. — Vases en terre de Sarreguemines, imitation de porphyre.

Salon circulaire ou salon des colonnes. — Olympia abandonnée, statue sculptée par *Etex*. — Le *Faune au chevreuil* (d'après l'antique). — Fleurs et fruits, par *Monnoyer* et *Desportes* — 28. *M. Coypel*. Jupiter chez les Corybantes.

Salle de billard (salle de musique sous Louis XIV). — Louis XV, par *L.-M. Vanloo*. — Marie Leczinska, par *J.-M. Nattier*.

Salon de réception. — Sous Louis XIV, ce salon était séparé en deux pièces dont la première était l'antichambre des jeux, la deuxième le cabinet du sommeil. — 61, 65. *Bon Boulongne*. Vénus et Adonis; Vénus et Mercure. — 62. *Verdier*. Naissance d'Adonis. — 66. *N. Coypel*. Junon apparaît à Hercule. — 67. *Verdier*. La Nymphe Io changée en vache. — 70. *Lafosse*. Clytie changée en tournesol. — Quatre grands vases en porcelaine du Japon et une pendule en porcelaine de Sèvres. — Sur la cheminée, bas-relief, camée antique en albâtre oriental, représentant le Sacrifice au Dieu Pan.

Salon particulier (la chambre du couchant sous Louis XV). — Quatre vases en porcelaine de Sèvres. — Sur deux consoles, deux obélisques en granit chenillé. — Sur une table, grande coupe avec bord en vermeil.

Salon dit des Malachites (le salon frais sous Louis XIV). — Portraits de Louis XIV, du grand Dauphin, du duc de Bourgogne et du duc d'Anjou, par *Rigaud*; de Louis XV, par *L.-M. Vanloo*; du Dauphin, par *Natoire*. — Au milieu, grande coupe en malachite que l'on a endommagée sur les bords en cherchant à la cacher, en 1848, quand Louis-Philippe se réfugia à Trianon. Les vases et les dessus de consoles sont aussi en malachite. Ces divers objets furent donnés à Napoléon par Alexandre, après la paix de Tilsitt.

Salon dit des Boucher (ancienne bibliothèque sous Napoléon Ier). — 86, 88, 92, 93. *Boucher*. Neptune et Amynome; Vénus et Vulcain; La Diseuse de bonne Aventure; La Pêche. — 89. *N. Coypel*. L'Hiver. — 91. *Saint-Ours*. David apprenant la mort de Saül. — Vue des anciens aqueducs du palais de Néron, par *Hubert Robert*.

Grande galerie (toujours fermée). — Elle sert de communication entre cette première partie centrale du château et l'aile dite Trianon-sous-Bois (*V.* ci-dessous). Cette galerie est garnie de tableaux modernes peu remarquables. Un seul, le n° 149, mérite d'être indiqué à cause de la signature de l'artiste : *Marie* (Leczinska), *reine de France, fecit*, 1755. C'est une copie d'un tableau d'Oudry, qui est au musée du Louvre. Des tables de mosaïque et de marbre, ainsi que des consoles, portent des vases de Sèvres, des figurines de bronze, etc. Les deux grands vases de Sèvres, à l'extrémité de la galerie, forme étrusque, fond gros bleu, ornés de fines peintures, sont évalués 70,000 fr.

Chapelle (fermée et sans intérêt). — Elle a été construite sous Louis-Philippe. — On y remarque un tableau par *Pierre Dulin* (saint Claude ressuscitant son enfant); la Présentation au Temple, par *Lagrenée le jeune*; un vitrail exécuté à Sèvres par *A. Béranger*, d'après l'Assomption, de *Prud'hon*.

Du Salon des Boucher on passe directement dans les Petits appartements occupés par Napoléon Ier. — *Antichambre*. — *Cabinet de travail* : statue du Gladiateur en bronze vert; grand vase en porcelaine de Sèvres. — *Salle de bains* : baignoire transformée en canapé. — *Chambre à coucher* : buste de l'impératrice Marie-Louise; meubles en bois sculpté et doré; le Printemps et l'Hiver, tableaux, par *Jouvenet*; vases en porcelaine de Sèvres. — *Salon Jaune* : les quatre Saisons, par *J.-B. Restout* (1767); La Moisson, la Vendange, par *Oudry*; pendule curieuse.

Les appartements qui suivent ont été réparés en 1846 pour la reine d'Angleterre.

On traverse une antichambre.

Salon. — Au centre, guéridon en mosaïque romaine. — Beaux vases en porcelaine du Japon. — 35. *Oudry*. L'Abondance, tableau. — 39. *Monnoyer*. Vase de fleurs. — Fleurs et fruits, par *Blain de Fontenay*.

Chambre a coucher. — Lit en bois sculpté, meubles et rideaux de

Le grand Trianon, d'après une photographie de M. C. Guy.

lampas cramoisi. — Contre les murs, seize tableaux de fleurs et fruits, par *Blain de Fontenay*. — 40. *Monnoyer*. Vase de fleurs. — 44, 46, 48, 50, 54, 55. *N. Coypel*. Le Temps; Bacchus; Cérès, Thétis; Allégories, etc.

On sort en traversant un CABINET DE TRAVAIL (curieuse pendule en porcelaine de Sèvres représentant un sujet tiré de l'emploi du Temps) et un dernier VESTIBULE.

Remise des voitures. — Cette remise, située en dehors du grand Trianon, à dr. de l'esplanade qui précède le palais, le long de l'avenue qui conduit au petit Trianon, a été reconstruite en 1851, sur les dessins de M. Questel. On y voit : les chaises à porteurs de Marie Leczinska et de Marie-Antoinette, dont la première est ornée de peintures genre *Watteau;* la seconde, de peintures de *J. Vernet*; quatre traîneaux dont un ayant servi à Mme de Maintenon; la voiture du sacre de Charles X, surmontée d'un groupe de Renommées au milieu duquel s'élève une couronne; la voiture dite du Baptême, qui fut construite à l'occasion du baptême du duc de Bordeaux et qui a aussi servi pour celui du fils de Napoléon III, comme elle avait déjà servi pour le mariage de ce dernier; la voiture dite l'*Opale* de Bonaparte, premier consul (elle n'a pas servi depuis le jour où, après le divorce de l'empereur, elle conduisit Joséphine à la Malmaison); la voiture dite la *Topaze*, qui date du premier Empire et a servi à l'occasion du mariage de Napoléon Ier et de l'impératrice Marie-Louise; plusieurs autres voitures de gala portant toutes des noms de pierres précieuses, et, enfin, une magnifique collection de harnais des époques de Louis XIV et Louis XV et du second Empire.

Trianon-sous-Bois. — Cette aile forme un dernier angle à l'extrémité N. du château. Elle fut habitée successivement par le grand Dauphin, par Monsieur, frère de Louis XIV, par le duc de Bourgogne et par la duchesse d'Orléans. Elle contient des paysages, par *Allegrain*, *Galloche*, etc., et des tableaux représentant des ruines, par *J.-B. Martin*.

Jardins du grand Trianon. — Devant le péristyle du château s'étend un parterre, dont les deux bassins circulaires sont décorés de groupes d'enfants en plomb, par *Girardon*. — Dans le bassin octogonal du bas parterre se voit un jeune Faune couché sur des raisins, par *G. Marsy*. — Des sept statues qui décoraient autrefois le parterre et le bassin du Miroir, qui en occupe l'extrémité, il n'en reste que trois : à dr., un jeune Romain appuyé sur un tronc d'arbre; à g., un jeune Romain tenant un glaive; au milieu, le Rémouleur (d'après l'antique). — Le *bassin du Miroir*, qui forme cascade, est décoré de deux groupes d'enfants et d'Amours en plomb, et de deux Dragons, par *Hardy*.

Au delà de ce bassin, une *allée verte* s'étend dans toute la largeur des jardins. On y remarque des statues faites de fragments antiques, restaurés par les frères *Marsy*.

L'*allée de la Cascade*, qui fait face au pavillon d'angle de Trianon-sous-Bois, conduit à une fontaine ou cascade en marbre blanc et en marbre du Languedoc, exécutée d'après les dessins de *Mansart* (statues de Neptune et d'Amphitrite; bas-reliefs). C'est le *Buffet*, récemment restauré, et dont les jeux d'eau sont parmi les plus intéressants du grand Trianon, qui jouent d'ordinaire chaque quinzaine pendant l'été.

Au N. du parterre, dans la partie du jardin dite l'*amphithéâtre*, sont placés 25 bustes en marbre des principaux personnages de l'antiquité. Au centre est un bassin rond, au milieu duquel s'élèvent 4 statues de Nymphes; aux angles, deux vases en plomb, par *le Lorrain*. — Entre l'amphithéâtre et la cascade est une *salle verte* avec bassin. — Dans le *parterre de Trianon-sous-Bois*, nous signalerons un bassin orné d'un Faune jouant avec une panthère, par *Marsy*. — Le *Jardin du Roi*, qui communique avec le jardin du petit Trianon par un pont construit sous Napoléon Ier, renferme une fontaine surmontée d'un Amour porté par un dauphin, œuvre de *Marsy*, et, dans un bassin, un groupe de *Tuby* : deux Amours tenant un tige de fleur.

LE PETIT TRIANON

Le petit Trianon (Pl., *B*, *c*) et ses jardins sont aussi visibles aux mêmes jours et heures que le grand Trianon (*V.* ci-dessus); en été, le hameau se visite jusqu'à la nuit.

Ce château forme un simple pavillon carré de peu d'étendue et d'apparence peu royale. Il comprend un rez-de-chaussée, un premier étage et un attique. Les façades sont décorées, dans toute leur hauteur, de colonnes et de pilastres corinthiens. Les bâtiments des dépendances sont distribués à quelque distance. Des travaux furent exécutés, par ordre de Louis-Philippe, pour faire du petit Trianon une résidence commode et agréable. Dans le jardin, les rochers ont été reconstruits; les eaux, les plantations, ont été rétablies comme par le passé.

Pour visiter le château, on pénètre dans la cour d'honneur par un petit vestibule qui s'ouvre à g. de la grille de la grande porte, près de la loge du gardien. Traversant cette cour, on se dirige à g. vers l'entrée du château, où se trouve, dans un vestibule, le gardien chargé de conduire les visiteurs.

Vestibule où l'on remarque un buste de dame romaine. — Gravissant l'escalier au chiffre de Marie-Antoinette, et remarquant l'admirable lanterne, on entre, à dr., dans les appartements du premier étage.

Antichambre. — 184, 185, 186. *Natoire*. Télémaque dans l'île de Calypso La Beauté rallume le flambeau de l'Amour; Le Sommeil de Diane. — Bustes de Louis XVI, par *Pajou*, et de Joseph II, par *Boizot*.

Salle a manger. — Le parquet y conserve les traces d'une trappe par laquelle se montaient, toutes dressées, les tables destinées aux *petits soupers* de Louis XV, afin de supprimer le service des valets. — Belles boiseries exécutées sous Louis XV. — 191, 192. *Pater*. Le Bain et la Pêche. — Portraits de Louis XVI, par *Callet*, et de Marie-Antoinette. — *Mme Lebrun*. Ballets dansés à Schœnbrunn par Marie-Antoinette, encore archiduchesse.

Cabinet de travail de la reine. — Dessus de porte et de glace : 193. Bacchus et Ariane, par *Natoire*; 194, 195. Vénus et la mort de Narcisse, par *Lépicié*. — Belle armoire à bijoux de Marie-Antoinette.

Salle de réception. — Clavecin de la reine, bureau à cylindre; quatre tableaux de *Pater* : la Danse, la Balançoire, le Repos champêtre, le Concert champêtre.

Boudoir. — Curieuse table à ouvrage. — Buste de Marie-Antoinette en biscuit de Sèvres, brisé à la Révolution et réparé à la manufacture de Sèvres.

Chambre a coucher. — Toilette, chaises sculptées. — Portrait de Louis XVII, copie moderne au pastel d'après *Kocharsky*.

On sort en traversant le cabinet de toilette de la reine.

La *chapelle* du petit Trianon, séparée du palais et non visitée, s'élève à g. de la grille d'entrée en arrivant. On remarque sur le maître-autel, saint Louis et Marguerite de Provence visitant saint Thibault, par *Vien*.

En sortant du petit Trianon on entre dans le jardin par la porte, à g. de la grille.

Jardin du petit Trianon. — Une fois entré dans le jardin, on peut prendre devant soi une allée qui en contourne les bords. A peu de distance, à g., on aperçoit, dans une île, le *temple de l'Amour*, petit édifice rond et ouvert, composé de colonnes corinthiennes, et construit par l'architecte Mique. Au milieu est une statue de l'*Amour qui se taille un arc dans la massue d'Hercule*, par Bouchardon (répétition de la statue qui est au Musée du Louvre). Si l'on continue à suivre pendant quelque temps la même allée, on aperçoit à g. les maisons rustiques qui composent ce qu'on appelle le *Hameau* et qui sont désignées sous les noms de la *maison de la Reine*, la *maison du Billard*, le *Boudoir*, le *Moulin*, le poulailler dit sans aucune raison *Presbytère*, la *maison du Garde*, la *Tour de Marlborough*, la *Laiterie* et la *Ferme* (*V.* Pl. 1). — Le hameau est encore tel qu'il était en 1789 : « Une belle reine fatiguée de sa cour, cherchant le repos dans la nature, partageant le goût de son temps pour la vie rustique, se donnant le plaisir de la mettre sous ses yeux, s'essayant même, par passe-temps, aux travaux de sa fermière; voilà un spectacle assez piquant et assez touchant tout ensemble pour émouvoir l'esprit devant le hameau de Marie-Antoinette. » (Pierre de Nolhac, *La Reine Marie-Antoinette*).

Après avoir examiné ces constructions, on fait le tour du lac. Nous appelons l'attention sur un phénomène végétal qui se remarque à son extrémité (aux points marqués * sur le plan I), et qui est produit par des racines de cyprès de la Louisiane (cyprès chauve, *Cupressus disticha, taxodium distichum*). Ces racines multiplient des exostoses ou renflements ligneux, qui, dans les marais de la Louisiane, prennent jusqu'à 1 ou 2 m. de hauteur, et rendent impraticables les espaces où ils se développent. C'est vers 1764 que furent plantés les principaux arbres qui font aujourd'hui l'ornement du jardin du petit Trianon. Enrichi depuis 1830 de beaucoup d'espèces nouvelles, il présente une très belle collection d'arbres indigènes et exotiques. Des écriteaux, placés sur la plupart de ces arbres, indiquent aux visiteurs les noms des espèces. Les *pins* de l'Amérique du Nord, connus sous le nom de *lord Weymouth*, y passent pour les plus beaux que l'on connaisse en Europe. Nous citerons, parmi les arbres les plus dignes d'être remarqués, un *chêne kermès*, un beau *chêne planera*, des *chênes rouges d'Amérique*, des *chênes à cupules hérissées*, et, au bord d'une allée peu éloignée de l'étang, un *chêne à feuilles de saule*, de 30 m. d'élévation.

Après s'être promené dans le jardin, on peut aller voir un autre petit lac, dominé d'un côté par le *Belvédère* (Pl. 4), dessiné par l'architecte Mique, et, d'un autre côté, par des rochers

Le petit Trianon.

artificiels. Du tertre qui s'étend derrière le Belvédère, on aperçoit le Jardin des fleurs (*V.* ci-dessous).

Non loin du Belvédère est la *Salle de spectacle* (fermée; plafond peint par Lagrenée), qui peut contenir 300 personnes. Au milieu du parterre qui s'étend à l'O. du château s'élève le *Pavillon français*, construit sous Louis XV (il servait de salle à manger d'été).

Jardin des Fleurs. — Ce jardin, compris entre les bâtiments du jardinier en chef (Pl. 2) et l'*Orangerie* (Pl. 3), et si intéressant pour les amateurs d'horticulture, a été créé, en 1850, par M. Charpentier. On y voit plusieurs arbres remarquables : un magnifique *chêne pyramidal*; un beau chêne-yeuse (*quercus ilex*); un chêne noir (*quercus toza*); un *pin Montezuma*; un jeune pin gigantesque (*pinus Lambertiana*), arbre qui, lorsqu'il a acquis toute sa croissance, atteint 100 m. de hauteur. A peu de distance se trouve un arbre de la Californie (*Vellingtonia gigantea*), qui, en Amérique, atteint 150 m. Citons encore le *taxodium semper virens* (Californie); un *chêne à feuilles d'ægylops* (Grèce); un *chêne de Gibraltar*, ou faux liège. Dans une allée située derrière l'Orangerie, on remarque un *chêne-liège* d'un beau développement.

Parmi les fleurs qui ont valu son nom à cet agréable jardin, nous citerons particulièrement une riche collection de *rhododendrons*, d'*azalées* et d'autres plantes de terre de bruyère.

Environs de Versailles.

En dehors du parc actuel de Versailles et des jardins des Trianons, de chaque côté du grand canal s'étendent de vastes bosquets plantés de beaux arbres et percés de larges avenues. Ces bosquets, qui faisaient partie du parc primitif, offrent d'agréables promenades et de beaux ombrages.

L'allée des Matelots, la première à g. si l'on sort du parc par la grille de la Ménagerie, près du bassin d'Apollon, conduit, en croisant la route de Saint-Cyr et le chemin de fer de Bretagne, aux bois de Satory (15 min. env.). — *L'allée de la Reine* et *l'allée des Paons* (la 2e et la 3e du même côté) se dirigent toutes deux vers Saint-Cyr (1 h. ou 1 h. 10) en passant, l'une à l'E., l'autre au N. et à l'O. de la *ferme de la Ménagerie*.

A l'extrémité O. du grand canal, la plus éloignée de Versailles, s'ouvre une large avenue, aboutissant, 200 ou 300 m. plus loin, à un vaste rond-point (107 m. d'alt.) d'où rayonnent dix routes ouvertes à travers bois et d'où l'on découvre une très belle vue sur le canal et le château de Versailles, qui domine au loin (3 k.) le parc et les jardins. — De ce rond-point, situé à 500 m. à l'E. du hameau de *Gally*, on peut gagner, en 10 ou 12 min., l'*allée de Noisy*, qui, partant de l'extrémité du canal la plus rapprochée de Versailles, longe les jardins du grand Trianon et conduit en 45 min. (depuis la grille du bassin d'Apollon) aux villages de Bailly ou de Noisy, sur la lisière S. de la forêt de Marly.

Les **bois de Satory**, traversés par le chemin de fer de l'Ouest, et beaucoup plus longs que larges, sont agréablement accidentés. Si l'on sort de Versailles par la porte de Satory, qui se trouve à l'extrémité de la rue de ce nom, et si l'on gravit la route qui croise à peu de distance le chemin de fer, on ne tarde pas à atteindre, en appuyant à dr. (600 m. depuis la porte), le carrefour du bois de Satory, situé au sommet de la colline. De ce carrefour part à dr., au S.-O., la route de Chevreuse, à dr. de laquelle descendent jusqu'à la plaine de Versailles les bois de Satory proprement dits; à g. s'étend le plateau défendu par plusieurs batteries, qui sert d'hippodrome, sur lequel des camps ont été plusieurs fois établis, des revues passées, et où se trouvent les Docks.

Une assez vaste étendue de bois comprise entre ce plateau, Versailles et la route de Versailles à Buc et à Jouy, a été transformée en promenade. On y découvre de jolis points de vue. A l'extrémité E. de l'hippodrome, on peut longer, en le dominant sur la *butte du bois Gobert*, le

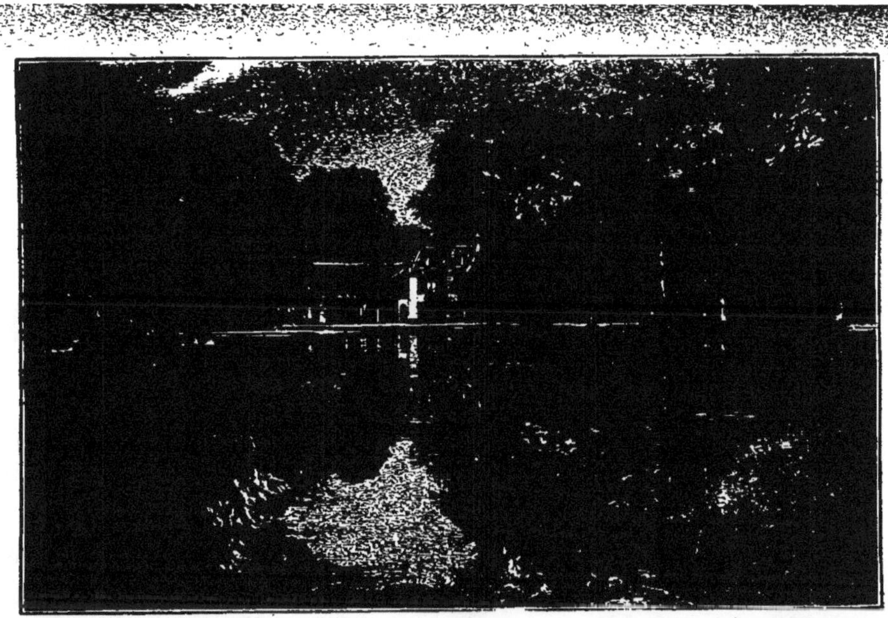

Lac du petit Trianon.

chemin de fer de l'Ouest, ou aller descendre à la *porte du Cerf-Volant*, sur la route de Versailles à Buc. En tournant à dr., quand on a franchi le seuil de cette porte, on descendrait à (1 k. 6) Buc et à (4 k. 6) Jouy; en tournant à g., on regagnerait (1 k.) la gare des Chantiers, à Versailles.

De l'autre côté de la route de Buc s'étend le *bois des Gonards*, l'une des plus agréables promenades des environs de Versailles. Ce bois est entouré de murs percés de portes qui sont presque toujours ouvertes au public. On peut aussi, de Versailles, visiter la forêt de Marly, la vallée de la Bièvre, etc.; pour ces excurs. et pour des itinéraires détaillés dans les bois de Versailles, nous renvoyons le lecteur au guide *Environs de Paris*.

Coulommiers. — Imp. Paul BRODARD. — 323-06. 2000.

Grand Hôtel Corneille, 5, *rue Corneille*. Chambres dep. 2 fr.; déjeuners, 2 fr.; dîners, 2 fr. 50. English spoken. *Téléphone*.
LOISEAU, propriétaire.

Hôtel du Danube, 11, *rue Richepanse*, près la Madeleine. Grands et petits appartements pour familles. A. POTTIER, propriétaire.

Hôtel de Dieppe, 22, *rue d'Amsterdam*, en face la sortie de la gare St-Lazare. Chambres de 2 fr. 50 à 6 fr. Service à la carte. *Family Hotel*.

Hôtel Favart, 5, *r. Marivaux*, (V. p. 49).

Hôtel Folkestone, 9, *rue Castellane* (près la Madeleine), Paris. Pension et Chambres de 8 à 12 fr. par jour. Chambres de 2 à 6 fr. Table d'hôte et Service dans les Chambres.

Grand Hôtel du Globe. (Voir page 49).

Hôtel du Jardin des Tuileries, 206, *rue de Rivoli*, en face le Jardin des Tuileries. Appartements et chambres. Grand confort. Elegantly furnished apartments and single rooms. Full south. Lift. Electric Light. ZIEGLER, propr.

Gd Hôtel Jules César, 52, *av. Ledru-Rollin*, angle *rue de Lyon*, 20, Paris. Hôtel confortable, le plus près des chemins de fer Lyon et Orléans. Restaurant, bains dans l'hôtel. English spoken. Ch. DENEUX, propriétaire.

Hôtel du Levant
27, *rue Croix-des-Petits-Champs*, Paris. Chambres confortables. Restaurant et Café.
Garage spécial pour vélocipèdes.

Hôtel de Londres et de Milan. BERETTA, propr. 8, *rue St-Hyacinthe-St-Honoré*. Entre les Tuileries et l'Opéra. Chambres depuis 2 fr. Pension depuis 7 fr. *English spoken. Si parla italiano.*

Hôtel Massillon
9, *rue du Vieux-Colombier*.
Restaurant à la carte. Prix fixe, Pension et Cachets.

Hôtel Mirabeau, 8, *rue de la Paix*. Hôtel et Restaurant. Chambres et appartements pour familles. (Voir page 49.)

Hôtel de la Néva, 9, *rue Monsigny* (au coin de la rue Saint-Augustin), Paris. Chambres confortables de 3 à 6 fr. Déjeuner, 3 fr. et dîner, 4 fr., vin compris. E. ANSEAUME, propriétaire.

Grand Hôtel d'Orléans, 17, *rue Richelieu*, près le Théâtre Français, le Palais-Royal et l'avenue de l'Opéra. Situation centrale. Appartements, chambres depuis 3 fr. Déjeuners et diners à prix fixe et à la carte.

Hôtel d'Oxford et de Cambridge, 13, *rue d'Alger*, près les Tuileries. Chambres de 3 à 7 fr. Déjeuner, 3 fr. 50; dîner, 4 fr., vin compris. Pension depuis 9 fr. Recommandé aux familles.

Hôtel du Prince Albert, 5, *rue Saint-Hyacinthe*, Paris. Situation centrale. Chambres depuis 2 fr. 50.

Hôtel Rochefort. Restaurant à la carte, 6, *rue Dupuytren*, près l'Ecole de médecine et boulevard Saint-Germain. Chambres depuis 1 fr. 50, et 20 fr. par mois.

Grand Hôtel de Rome, 15, *rue de Rome*, GARE SAINT-LAZARE. Pas de table d'hôte, service à la carte dans les chambres seulement. Grand confortable. Prix modérés. Situation exceptionnelle. Omnibus pour toutes directions.
PIARD, propriétaire.

Hôtel de Seine, 52, *rue de Seine* (boul. Saint-Germain), Paris. Appartements et chambres confortables. Table d'hôte. Service à volonté. Prix modérés.
DUJARDIN, propriétaire.

Hôtel de l'Univers, 3, *rue de Louvois*, près le square et la Bourse, centre des affaires. Chambres et appartements. Prix modérés. — Table d'hôte et service à volonté.
L. Pocard, propriétaire.

HYDROTHÉRAPIE

Institut d'hydrothérapie et de kinésithérapie médicales. Traitement par l'eau et par le mouvement physiologique.
49, *Chaussée-d'Antin*, Paris.

INSTITUTIONS

Institut Franklin
73, *rue de la Tour*, Passy.

Splendide jardin. — Salle de bains. — Cours spéciaux pour les étrangers. — Études complètes. — Prix modérés.

Sainte-Barbe. (V. p. 48.)

INSTITUTIONS de DEMOISELLES

Petit Château. Pensionnat Jean Macé. Cet établissement, fondé en 1841, par Mlle Verenet, à Beblenheim (Alsace), transporté à Monthiers (Aisne) en 1870, a été transféré, après la mort de son regretté directeur Jean Macé, **au Vésinet** (Seine-et-Oise), 2, *rue Thiers*, à 20 minutes de Paris. — Directrices : Mlles BORD et BENTZ. — *L'éducation* donnée au **Petit Château** a toujours été de développer les qualités du cœur, d'inculquer aux jeunes filles des idées saines et fortes, d'en faire en un mot des femmes capables à leur tour d'élever leurs enfants. — *L'Établissement reçoit des pensionnaires, des demi-pensionnaires et des externes.*

Drappier (Mmes), 86, *rue de la Tour* (**Passy**-Paris). Éducation complète, arts d'agrément. Vie de famille.

Institution de Me Quihou, 7, *avenue Victor-Hugo*, **St-Mandé** (Seine), à la porte de Paris et près du Bois de Vincennes, à 3 minutes de la Gare, et sur le passage du tramway Louvre-Vincennes. — *Éducation complète.*

MAL DE MER

Guéri par la **Pélagine Pausodun.** (Voir page 42.)

MANÈGE

École d'équitation, Raould et Esnault, 19, *rue de Surène*, Paris (près de la Madeleine). Belles écuries. Pension de chevaux. Vente et Location. Succursale à Houlgate-Beuzeval.

NÉVRALGIES

NÉVRALGIES MIGRAINES et toutes maladies nerveuses guéries par les **Pilules antinévralgiques du Dr CRONIER** 3 fr. la boîte. Paris. Pharmacie Robiquet 23, *r. de la Monnaie*, 1res Phies France et Étranger.

PARAPLUIES, CANNES

Dugas-Gérard, 82, *rue Saint-Lazare*, Paris. Fabr. de cannes, cravaches, fouets, parapluies et ombrelles. Maison de confiance. Prix modérés.

PARFUMERIE

Houbigant, 19, *faubourg St-Honoré*, Paris.

Parfumerie Oriza (V. p. 43.)

Docteur Pierre. (V. p. 43.)

PHOTOGRAPHIE (Appareils de)

Jules Richard ✻, 8, *impasse Fessart.* — **Le Vérascope.** (Voir page de garde à la fin du volume).

PHOTOGRAPHIE (Artistes)

Benque, 33, *rue Boissy-d'Anglas*. Exposition : 5, rue Royale.
Miniatures sur Emaux et Vitraux
Photographie à la lumière électrique.

NADAR-PARIS. Fabrication d'appareils et produits. Portraits en tous genres, Reproductions, Agrandissements, Peintures, 7 diplômes d'honneur aux dernières expositions. GRAND PRIX 1889. Ne pas voyager sans l'EXPRESS-DÉTECTIVE-NADAR : le meilleur des appareils photographiques, léger, solide, garanti. 48 ou 100 poses consécutives sans recharger l'appareil, la photographie sans apprentissage, adopté par tous les grands explorateurs.

51, rue d'Anjou, 51

PIERRE PETIT et FILS
peintre et photographe
opère lui-même
TOUTES LES RÉCOMPENSES
17, 19, 21, *Place Cadet*, Paris.

EUG. PIROU
photographe de la présidence
et des cours étrangères
10 médailles d'or
23, rue Royale, 23

Reutlinger

17 MÉD.; dern. récompense 1895 : AMSTERDAM, diplôme d'honneur, la plus haute récompense. Reproductions, Agrandissements et Portraits exécutés avec art.

21, Boulevard Montmartre
PARIS.—TÉLÉPHONE. ASCENSEUR.

PIANOS

Manuf^re de Pianos Pélicier. Brillante sonorité, solidité garantie. 32 *Médailles d'or et autres ; membre du Jury*. Pianos neufs et d'occasion des Maisons **Érard** et **Pleyel.**

Location, Vente, Échange
(Occasions)
13, Boulevard St-Denis, 13
Paris.

POMPES

Beaume. (Voir page 45.)

PRODUITS
PHARMACEUTIQUES

Chassaing. Vin de Chassaing. Phosphatine Fallières, etc. (Voir page 110.)

Coaltar Saponiné. (V. p. 106.)

Eau des Jacobins

Ancien cordial très populaire d'une puissance merveilleuse, contre apoplexie, etc. **A. Gascard,** seul successeur des F^res Gascard, à Bihorel-lés-Rouen (Seine-Infér^re.)

Fer Bravais. (Voir page 104.)

Ferrouillat. Juglandine. (Voir page 44.)

Liqueur des dames. (Voir page 105.)

Pharmacie normale. (Voir page 48.)

Tarin. (Voir page 47.)

Vin St-Raphael. (V. p. 112.)

RESTAURANTS

Dîner de Paris. (V. p. 50.)

TAVERNE DU NÈGRE
17, *Boulevard Saint-Denis*, 17
PARIS
Bière de Munich

DÉJEUNER, **3** fr. café compris :
Une bouteille vin rouge ou blanc,
ou une carafe de bière,
Hors-d'œuvre, 3 plats au choix,
Fromage, Dessert.

DINER, **3** fr. **50**, café compris :
Une bouteille vin rouge ou blanc,
ou une carafe de bière,
Un potage, 3 plats au choix, Salade,
Entremets, Dessert.

Service à la carte.

30me année. — Paris et Départements, 15 centimes le Numéro. — Gares, 20 centimes.

ARTHUR MEYER
Directeur

RÉDACTION
2, rue Drouot

ABONNEMENTS
PETITES ANNONCES
RENSEIGNEMENTS
2, rue Drouot

Le Gaulois

LE PLUS GRAND JOURNAL DU MATIN

2, RUE DROUOT

ARTHUR MEYER
Directeur

ADMINISTRATION
2, rue Drouot

ANNONCES
MM. Charles Lagrange, Cerf et Cie,
6, pl. de la Bourse.

Depuis le mois de juillet 1882, **le Gaulois**, dont M. Arthur Meyer a repris la direction, a de nouveau marqué sa place à la tête de la presse quotidienne de Paris.

Aucun journal n'est plus parisien que **le Gaulois**, par l'allure vive et mondaine de sa rédaction, par la variété et le piquant de ses informations. Aucun n'est plus résolument conservateur, plus fermement respectueux de tout ce qui est respectable.

Le Gaulois a résolu le problème de plaire à la fois aux lecteurs sérieux et à ceux qui veulent avant tout être distraits par leur journal.

La nature de la clientèle du **Gaulois**, dont le nombre s'accroît chaque jour à Paris et en province, donne une valeur exceptionnelle à sa publicité.

PRIX DES ABONNEMENTS

PARIS		DÉPARTEMENTS ET ÉTRANGER	
Un mois	5 fr. »	Un mois	6 fr. »
Trois mois	13 fr. 50	Trois mois	16 fr. »
Six mois	27 fr. »	Six mois	32 fr. »
Un an	54 fr. »	Un an	64 fr. »

Les frais de poste en plus pour les pays ne faisant pas partie de l'Union postale.

SOCIÉTÉ GÉNÉRALE

SUITE DES AGENCE DANS LES DÉPARTEMENTS

CETTE, quai de Bosc, 6.
CHALON-S.-SAONE, rue du Port-Villiers, 18.
CHALONS-S.-MARNE, rue de Vaux, 3.
CHARTRES, rue Sainte-Même, 15.
CHATEAUROUX, place Gambetta, 20.
CHATEAU-THIERRY, rue de Soissons, 2.
CHAUMONT, rue de la Gare, 91.
CHERBOURG, rue François-Lavieille, 32.
CHINON, quai Jeanne-d'Arc, 8.
CLERMONT-FERRAND, pl. Poids-de-Ville, 4.
COGNAC, rue Elysée-Mousnier, 10.
CONDOM, rue Gaichies, 4.
DAX, place de l'Hôtel-de-Ville.
DIEPPE, rue Toustain, 4.
DIJON, place Saint-Etienne, 6.
DOUAI, rue des Dominicains, 1.
DRAGUIGNAN, boulevard de l'Esplanade, 5.
DREUX, place du Palais-de-Justice, 3.
DUNKERQUE, rue de l'Eglise, 37.
ELBEUF, rue de Paris, 38 *ter*.
EPERNAY, place Thiers, 5.
EPINAL, rue Claude-Gelée, 7.
EVREUX, rue Chartraine, 5 et 7.
FONTAINEBLEAU, rue de la Cloche, 22.
FOUGEROLLES, Grande-Rue.
GAILLAC, boulevard Gambetta.
GRAY, rue du Palais, 13.
GRENOBLE, rue de la Liberté, 2.
GUINGAMP, place du Centre, 32.
HAVRE (LE), rue de la Bourse, 27.
HONFLEUR, rue Prémord, 21.
LA FLECHE, rue Henri-IV, 8.
LA ROCHE-SUR-YON, rue Racine, 3.
LA ROCHELLE, rue du Temple, 4.
LAVAL, rue de Strasbourg, 4.
LILLE, rue Esquermoise, 24.
LIMOGES, place Jourdan, 9 *bis*.
LISIEUX, rue Olivier, 20.
LODÈVE, boulevard Saint-Fulcrand, 7.
LORIENT, cours de la Bôve, 5.
LOUDUN, rue de l'Abreuvoir, 3.
LURE, Grande-Rue.
LUXEUIL, rue de Grammont, 1.
LYON, rue de la République, 6.
— cours Morand, 13.
MACON, rue Lamartine, 17.
MAMERS, rue Paul-Bert, 4.
MANS (LE), boul. René-Levasseur, 3.
MARMANDE, place de l'Eglise.
MARSEILLE, rue de Grignan, 43.
MAUBEUGE, rue de France, 47.
MELUN, quai Pasteur, 24 *bis*.
MILLAU, boul. de la République, 37.
MOISSAC, rue Guilerand, 4.
MONTARGIS, rue de Vaublanc, 2.
MONTAUBAN, rue Lacaze, 2.
MONT-DE-MARSAN, pl. de l'Hôtel-de-Ville.
MONTÉLIMAR, Grande-Rue, 102.
MONTEREAU, Grande-Rue, 92.
MONTLUÇON, avenue de la Gare, 32.
MONTPELLIER, boul. de l'Esplanade, 9.
MORLAIX, quai de Tréguier, 17.
MOULINS, cours Choisy, 1.
NANCY, rue Saint-Dizier, 20.
NANTES, rue du Calvaire, 8.
NARBONNE, rue du Tribunal, 19.
NEVERS, rue Saint-Martin, 19.
NICE, rue Gioffredo, 64.
NIMES, place de la Salamandre, 10.
NIORT, rue Yvers, 11.
OLORON-Ste-Marie, place Gambetta, 9.
ORLEANS, rue d'Escures, 14.
PAU, rue Latapie, 5.
PERIGUEUX, rue du Quatre-Septembre, 6.
PERPIGNAN, rue Manuel, 2.
PERTUIS, cours de la République, 54.
POITIERS, boulevard de la Préfecture, 12.
PONT-AUDEMER, Grande-Rue, 58.
PUY (LE), boulevard Saint-Louis, 51.
QUIMPER, rue du Parc, 2.
REIMS, rue de Monsieur, 18.
REMIREMONT, Grande-Rue, 64.
RENNES, rue Le Bastard, 14.
RIVE-DE-GIER, place de la Liberté, 1.
ROANNE, rue de la Sous-Préfecture, 22.
RODEZ, rue de la Barrière, 48.
ROUBAIX, rue de la Gare, 40.
ROUEN, rue Jeanne-d'Arc, 80.
SAINT-BRIEUC, rue du Ruisseau-Josse, 2.
SAINT-CHAMOND, place Dorian, 4.
SAINT-DIÉ, rue Dauphine, 1.
SAINT-ETIENNE, pl. de l'Hôtel-de-Ville, 6.
SAINT-GAUDENS, rue des Fossés, 14.
SAINT-GERMAIN, rue de la Paroisse, 5.
SAINT-LO, rue des Prés, 16.
ST-LOUP-SUR-SEMOUSE, Grande-Rue.
SAINT-MALO, rue de Toulouse, 3.
SAINT-NAZAIRE, rue Amiral-Courbet, 4.
SAINT-QUENTIN, rue des Canonniers, 9.
SAINT-SERVAN, rue Ville-Pépin, 22.
SAUMUR, rue Beaurepaire, 28.
SEDAN, place du Rivage, 10.
SENS, rue Thénard, 3.
SOISSONS, rue Saint-Martin, 72.
TARASCON, boulevard Victor-Hugo.
TARBES, rue Brauhauban, 86.
THIERS, rue des Grammonts, 8.
TOULON, place d'Armes, 18.
TOULOUSE, rue des Arts, 22.
TOURS, rue Corneille, 6.
TROYES, rue des Quinze-Vingts, 4.
TULLE, rue Nationale, 12.
VALENCE, boulevard Bancel, 23.
VALENCIENNES, rue Saint-Géry, 71.
VERNEUIL, place de la Madeleine.
VERSAILLES, rue Carnot, 2.
— rue Royale, 23.
VERVINS, rue de Paris, 16.
VESOUL, rue du Presbytère, 12.
VICHY, r. Cunin-Gridaine (près l'Etabl. Therm.)
VILLENEUVE-S.-LOT, rue des Cieutat, 17.

Agence de Londres : 5, Fenchurch street, E. C.

La **SOCIÉTÉ GÉNÉRALE** possède, en outre des agences ci-dessus, **39 bureaux situés dans Paris et la banlieue de Paris.**

AVIS IMPORTANT

MM. les Voyageurs peuvent se procurer dans les gares et les librairies les Recueils suivants, seules publications officielles des chemins de fer, paraissant depuis plus de quarante ans, avec le concours et sous le contrôle des Compagnies.

L'INDICATEUR-CHAIX (46e année), SEUL JOURNAL OFFICIEL, contenant les services de tous les chemins de fer français et internationaux publiés avec le concours et sous le contrôle des Compagnies. *Paraissant tous les dimanches.* — Prix : 75 cent.

LIVRET-CHAIX CONTINENTAL (50e année). Guide officiel des Voyageurs sur tous les chemins de fer de l'Europe et les principaux paquebots, indiquant lss curiosités à voir dans les principales villes. — Deux volumes in-8e (format de poche). *Parissant chaque mois.*

1er *Volume.* — CHEMIN DE FER FRANÇAIS : services maritimes; guide sommaire dans les principales villes; voyages circulaires; cartes des chemins de fer de la France et de l'Algérie. — Prix : 1 fr. 50.

2e *Volume.* — CHEMINS DE FER ÉTRANGERS : trains français étrangers desservant les frontières; services franco-internationaux; billets directs; itinéraires tout faits; services de la navigation maritime, fluviale et sur les Lacs de l'Italie et de la Suisse; Guide sommaire dans les principales villes étrangères; voyages circulaires; carte coloriée de l'Europe centrale, à l'échelle de 1/2,400,000 (1 centimètre pour 24 kilomètres). — Prix : 2 fr.

LIVRETS-CHAIX SPÉCIAUX DES CINQ GRANDS RÉSEAUX FRANÇAIS (format de poche). *Paraissant le 1er de chaque mois.*

OUEST. — ORLÉANS, MIDI, ÉTAT. — LYON. — NORD. — EST.
Prix de chaque livret : 40 cent.

LIVRET SPÉCIAL DE L'ALGÉRIE ET DE LA TUNISIE, avec Carte imprimée en deux couleurs. — Prix : 50 cent.

LIVRET-CHAIX DES ENVIRONS DE PARIS avec cartes. *Paraissant tous les mois.*

Tous les Réseaux réunis, avec cinq cartes. — Prix . . . » fr. 25
Banlieue de l'Ouest, avec carte. — Prix. . . . . » fr. 10
— du Nord, avec carte. — Prix. . . . . » fr. 10
— de l'Est, avec carte. — Prix . . . . » fr. 10
— d'Orléans et de Paris-Lyon-Méditerranée. Prix. » fr. 10

SOCIÉTÉ INTERNATIONALE DES WAGONS-LITS

et des Grands Express Européens

SERVICE DURANT TOUTE L'ANNÉE

Orient-Express *de Paris à Constantinople (par Vienne) en 68 heures.* Départs de Paris à Vienne tous les jours, à 6 h. 50 du soir. — Départs de Paris à Bucharest et Constantinople, les jeudis, à 6 h. 50 soir. — Départs de Paris à Belgrade et Constantinople, les dimanches et mercredis, à 6 heures 50 soir.

Ostende-Vienne-Express. Train de luxe quotidien entre *Londres, Ostende, Vienne* et vice versâ. — *Ostende*, départ, 4 h. soir, *Vienne*, départ, 11 h. matin; correspondance sur Constantinople, départ d'Ostende les mardis.

Sud-Express *de Paris à Bordeaux, Biarritz, Irun, Madrid et Lisbonne.* Départs de Paris-Nord les lundis, mercredis et samedis, à 7 h. 27 soir pour *Madrid.* Départs de Paris-Nord les mercredis et samedis, à 7 h. 27 soir pour Lisbonne, par Medina, Salamanca et la Boira-Alta.

Peninsular Express *de Londres.* Tous les vendredis, à 8 h. 15 soir.

SERVICE D'HIVER

Méditerranée-Express *de Londres vers le littoral.* Les lundis, mercredis, jeudis et samedis. Départs de la gare de Lyon à 5 h. 30 soir.

Calais-Méditerranée-Express *(Londres) Calais, Nice, Vintimille.* Calais, départ les jeudis à midi 49; Vintimille, départ les samedis, à 11 h. 40 matin.

Vienne-Nice-Express. Départ de Vienne les lundis, à 2 h. 15 soir. Départ de Cannes les mercredis, à 8 h. 05 matin, de Nice à 9 h. matin.

SERVICE D'ÉTÉ

Pyrénées-Express *de Paris à Bordeaux, Luchon et Biarritz.*

Calais-Interlaken-Engadine-Express. Train de luxe bi-hebdomadaire entre Calais, Bâle, Zurich et Coire, avec voiture directe détachée à Délémont pour Berne et Interlaken.

WAGONS-RESTAURANTS

Alger-Oran. — Bruxelles-Verviers. — Bucarest-Slatina. — Buchs-Woergl. — Budapest-Karansébès Bucs. — Budapest-Kolosvar. — Budapest-Zagrab. — Budapest-Zimony-Belgrade. — Cracovie-Podwoloczyska. — Flessingue-Venlo. — Koloszwar-Brassó. — Moscou-Varsovie. — Munich-Avricourt. — Munich-Berlin. — Neustrelitz-Warnemunde. — Paris-Bordeaux. — Paris-Bruxelles. — Paris-Châlons-s.-Marne. — Paris-Le Havre. — Paris-Le Mans. — Paris-Lille. — Paris-Lyon-Marseille. — Paris-Nancy. — Rome-Pise. — Vienne-Budapest (Marchegg). — Vienne-Tetschen; et pendant l'été : Mâcon-Genève; Paris-Nevers; Paris-Trouville; Francfort-Eger. — Bâle-Lausanne. — Madrid-Barcelone. — Bordeaux-Dax Irun. — Paris-Charleville. — Rome-Florence. — Paris-Nord à Paris P.-L.-M., etc.

WAGONS-SALONS

Paris-Bruxelles. — Paris-Le Havre.

WAGONS-LITS

Amsterdam-Paris. — *Bâle*-Vintimille. — *Bologne*-Brindisi. — *Bordeaux*-Toulouse-Marseille. — *Bucarest*-Cracovie, Galatz, Jassy, Verciorova. — *Budapest*-Arad-Piski, Bruck-Vienne, Fiume, Kassa, Kolosvár-Brasso, Verciorova-Bucarest. — *Calais*-Bâle. — *Cologne*-Ostende. — *Francfort*-Bâle. — *Lisbonne*-Porto. — *Madrid*-Barcelone, Séville. — *Mayence*-Vienne. — *Messine*-Palerme. — *Milan*-Bâle, Florence-Rome, Pise-Rome, Venise-Pontebba. — *Munich*-Vérone. — *Ostende*-Bâle. — *Paris*-Bâle, Zurich-Vienne, Bordeaux-Madrid, Cologne, Francfort-s.-Mein. — *Paris* (gares Nord et Lyon) Marseille, Vintimille. — *Paris* (Lyon) Modane-Rome. — *Rome*-Naples, Reggio, Turin. — *St-Pétersbourg*-Varsovie, Virballen. — *Varsovie*-Moscou. — *Vienne*-Berlin, Budapest (viâ Marchegg), Cracovie, Pontafel-Venise-Rome, Varsovie. — *Vienne*-Ischl. — *Bruxelles*-Cologne. — *Munich*-Vienne. — Durant l'été : *Paris*-Genève, Lausanne. — *Paris*-Royan. — *Paris*-Vichy.

CHEMINS DE FER DE L'ÉTAT

BILLETS DE BAINS DE MER AU DÉPART DE PARIS

Billets d'aller et de retour à prix réduits, valables 33 jours
non compris le jour du départ
avec prolongation facultative moyennant le payement d'une surtaxe

Pour **Royan, La Tremblade (Ronce-les-Bains), Le Chapus, Le Château (Ile d'Oléron), Marennes, Fouras, Châtelaillon, La Rochelle, Les Sables-d'Olonne, Saint-Gilles-Croix-de-Vie, Challans (Ile-de-Noirmoutier, Ile d'Yeu, Saint-Jean-de-Monts), Bourgneuf (Ile de Noirmoutier), Les Moutiers, La Bernerie, Pornic, Saint-Père-en-Retz (Saint-Brévin-l'Océan)** et **Paimbœuf (Saint-Brévin-l'Océan).**

Ces billets sont délivrés du 1er Mai au 31 Octobre de chaque année.

Les billets de bains de mer de **Paris** pour **Royan, La Tremblade, Le Chapus, Le Château (Ile d'Oléron), Marennes, Fouras, Châtelaillon, La Rochelle, Les Sables-d'Olonne** et **Saint-Gilles-Croix-de-Vie**, sont valables, au choix des Voyageurs, soit par toute voie Etat *vià* Chartres et Saumur ou *vià* Chartres et Chinon (départ par la gare de Paris-Montparnasse), soit par voie mixte Orléans-Etat *vià* Tours-transit (départ par la gare de Paris-Austerlitz, changement de réseau à Tours). Quelle que soit la voie suivie à l'aller, les coupons de retour sont valables, soit par Saumur et Chartres, arrivée à Paris-Montparnasse, soit par Tours-transit, arrivée à Paris-Austerlitz.

Les billets de bains de mer de **Paris** pour **Challans, Bourgneuf, Les Moutiers, La Bernerie, Pornic, Saint-Père-en-Retz** et **Paimbœuf**, sont valables, au choix des Voyageurs, soit par voie mixte Ouest-Etat *vià* Segré et Nantes-Etat-transit, soit par voie mixte Ouest-Orléans-Etat *vià* Angers-Saint-Laud-transit et Nantes-Orléans-transit. Dans ces deux cas, le départ de Paris et le retour à Paris doivent s'effectuer, soit par la gare de Paris-Montparnasse, soit par la gare de Paris-St-Lazare. Quelle que soit la voie suivie à l'aller, les coupons de retour sont valables indifféremment par l'une ou par l'autre voie. En outre, les Voyageurs porteurs de billets de bains de mer pour **Paimbœuf** ont la faculté d'effectuer sans supplément de prix, soit à l'aller, soit au retour, le trajet entre Nantes et Paimbœuf, dans les bateaux de la Compagnie de Navigation de la Basse-Loire.

BILLETS DE BAINS DE MER

DÉLIVRÉS DANS TOUTES LES GARES DU RÉSEAU DE L'ÉTAT AUTRES QUE PARIS

Billets d'aller et retour à prix réduits, valables 33 jours
non compris le jour de la délivrance,
avec prolongation facultative moyennant le payement d'une surtaxe.

Ces billets, qui comportent les mêmes réductions de prix que les billets d'aller et retour ordinaires, sont délivrés pendant la période du 1er mai au 31 octobre de chaque année pour les destinations de **Royan, La Tremblade (Ronce-les-Bains), Le Chapus, Le Château (Ile d'Oléron), Marennes, Fouras, Châtelaillon, La Rochelle, Les Sables-d'Olonne, Saint-Gilles-Croix-de-Vie, Challans (Ile de Noirmoutier, Ile d'Yeu, Saint-Jean-de-Monts), Bourgneuf (Ile de Noirmoutier), Les Moutiers, La Bernerie, Pornic, Saint-Père-en-Retz (Saint-Brévin-l'Océan)** et **Paimbœuf (Saint-Brévin-l'Océan)** par toutes les gares, stations et haltes du réseau de l'Etat (Paris excepté).

(*Pour les prix et les conditions, voir le Tarif spécial G. V. n° 6.*)

BILLETS D'ALLER ET RETOUR

DE TOUTE GARE A TOUTE GARE

Il est délivré, tous les jours, par toutes les gares, stations et haltes du réseau de l'Etat et pour tous les parcours sur ce réseau, des billets d'aller et retour à prix réduits.

Les coupons de retour sont valables : 1° pour les trajets jusqu'à 100 kilomètres, le jour de l'émission, le lendemain et le surlendemain jusqu'à minuit ; 2° pour les trajets de plus de 100 kilomètres, un jour de plus par 100 kilomètres ou fraction de 100 kilomètres.

La durée de validité des billets d'aller et retour peut, à deux reprises, être prolongée de moitié (les fractions de jour comptant pour un jour), moyennant le payement, pour chaque prolongation, d'un supplément égal à 10 0/0 du prix du billet. Toute demande de prolongation doit être faite et le supplément payé avant l'expiration de la période pour laquelle la prolongation est demandée.

(*Pour les autres conditions, voir le Tarif spécial G. V. n° 2.*)

CHEMINS DE FER PARIS-LYON-MÉDITERRANÉE (SUITE)

RELATIONS DIRECTES ENTRE PARIS ET L'ITALIE

(Viâ Mont-Cenis)

Billets d'Aller et Retour de PARIS à TURIN, à MILAN, à GÊNES et à VENISE

(via Dijon, Mâcon, Aix-les-Bains, Modane)

Prix des Billets		1re cl.	2e cl.	Validité 30 jours
	Turin.	147 fr. 60 ;	106 fr. 10	
	Milan.	166 fr. 35 ;	119 fr. »	
	Gênes.	167 fr. 10 ;	119 fr. 15	
	Venise.	216 fr. 35 ;	154 fr. »	

Ces billets sont délivrés toute l'année à la gare de Paris-Lyon et dans les bureaux succursales.

La validité des billets d'aller et retour **Paris-Turin** est portée gratuitement à 60 jours, lorsque les voyageurs justifient avoir pris, à Turin, un billet de voyage circulaire intérieur italien.

D'autre part, la durée de validité des billets d'aller et retour **Paris-Turin** peut être prolongée d'une période unique de 15 jours, moyennant le payement d'un supplément de 14 fr. 75 en 1re classe et de 10 fr. 60 en 2e classe.

Arrêts facultatifs à toutes les gares du parcours.

FRANCHISE DE 30 KILOGRAMMES DE BAGAGES SUR LE PARCOURS P.-L.-M.

TRAJET RAPIDE de PARIS à TURIN en 16 heures; à MILAN en 19 h. 1/2.

BILLETS D'ALLER ET RETOUR

DE PARIS A BERNE ET A INTERLAKEN

(**Viâ Dijon, Pontarlier, Les Verrières, Neuchatel**) *ou réciproquement.*

DE PARIS A ZERMATT (MONT-ROSE)

(**Viâ Dijon, Pontarlier, Lausanne**) *sans réciprocité.*

PRIX DES BILLETS

De Paris à		1re cl.	2e cl.	3e cl.
	Berne	101 fr.;	75 fr.;	56 fr.
	Interlaken . . .	112 fr.;	82 fr.;	55 fr.
	Zermatt (Mt-Rose)	140 fr.;	108 fr.;	71 fr.

Valables 60 jours, avec arrêts facultatifs sur tout le parcours.

Franchise de 30 kilos de bagages sur le parcours de P.-L.-M.

EN ÉTÉ, TRAJET RAPIDE DE PARIS A INTERLAKEN EN 15 HEURES

SANS CHANGEMENT DE VOITURE EN 1re ET 2e CLASSE.

Les billets d'aller et retour de **Paris à Berne et à Interlaken** sont délivrés du 15 Avril au 15 Octobre ; ceux pour **Zermatt**, du 15 Mai au 30 Septembre.

BILLETS D'ALLER ET RETOUR DE BAINS DE MER

Valables 33 jours. — Arrêts facultatifs.

BILLETS INDIVIDUELS ET COLLECTIFS (de famille)

Il est délivré du 1er *Juin au* 15 *Septembre* de chaque année, des billets d'aller et retour de bains de mer, **individuels et collectifs** (**de famille**) de 1re, 2e et 3e classe, à prix réduits, pour les stations balnéaires suivantes :

Aigues-Mortes, Antibes, Bandol, Beaulieu, Cannes, Golfe-Jouan-Vallauris, Hyères, La Ciotat, La Seyne-Tamaris-sur-Mer, Menton, Monaco, Monte-Carlo, Montpellier, Nice, Ollioules-Sanary, Saint Raphaël, Toulon et Villefranche-sur-Mer.

Ces billets sont émis dans toutes les gares du réseau P.-L.-M. et doivent comporter un parcours minimum de 300 kilomètres, aller et retour.

Le prix des billets est calculé d'après la distance afférente au parcours réellement effectué et d'après un barème comportant des réductions de prix très importantes.

BAINS DE MER ET EAUX THERMALES

Billets d'Aller et Retour à prix réduits

DÉLIVRÉS DU 1er MAI AU 31 OCTOBRE

DE PARIS AUX STATIONS BALNÉAIRES OU THERMALES SUIVANTES :

A — Billets d'aller et retour individuels valables pendant 4 jours

Aller ; le vendredi (1), le samedi ou le dimanche. **Retour** : le dimanche ou le lundi seulement.

	1re classe. fr. c.	2e classe. fr. c.
Dieppe — Pourville, Puys, Berneval.	26 »	17 50
Touffreville-Criel. Eu — Le Bourg-d'Ault, Onival.	29 »	19 50
Le Tréport-Mers	29 50	20 »
St-Valery-en-Caux — Veules.. Cany — Veulettes, Les Petites-Dalles.	29 »	19 50
Fécamp — Les Petites-Dalles, Les Grandes-Dalles, Saint-Pierre-en-Port.	30 »	21 50
Froberville-Yport. **Les Loges-Vaucottes-s.-Mer**. **Etretat** — Bruneval. **Le Havre** — Ste-Adresse, Bruneval. **Caen**. **Honfleur**.	30 »	22 »
Trouville-Deauville — Villerville. **Blonville** (halte).	30 »	21 50
Villers-sur-Mer	30 »	22 »
Beuzeval — Houlgate. **Dives-Cabourg** — Le Home-Varaville.	33 »	23 »
Luc — Lion-s.-Mer. **Langrune**. **Saint-Aubin**. **Bernières**. (Ces prix comprennent le parcours total par chemin de fer.)	34 »	25 »
Courseulles — Ver-sur-Mer. (Ces prix comprennent le parcours total par chemin de fer.)	35 »	26 »
Bayeux — Arromanches, Port-en-Bessin, Saint-Laurent-sur-Mer, Asnelles.	36 »	26 »
Isigny-sur-Mer — Grandcamp-les-Bains.	40 »	30 »
Montebourg — Quinéville, Saint-Vaast-la-Hougue (parcours par le *chemin départemental* de Montebourg et Valogne à Barfleur. Valognes non compris dans le prix du billet).	45 »	33 50
Cherbourg	50 »	36 »
Coutances — Agen, Coutainville, Regnéville.	45 »	33 50
Denneville (halte)	50 »	33 50
Port-Bail	50 »	34 »
Barneville (halte)	50 »	34 50
Carteret	50 »	35 »
Granville — Donville, Saint-Pair, Bouillon-Jullouville.	45 »	32 »
Montviron-Sartilly — Carolles, Saint-Jean-le-Thomas.	45 »	31 50
EAUX THERMALES		
Forges-les-Eaux (Seine-Infér.), ligne de Dieppe par Gournay.	18 »	12 »
Bagnoles-Tessé-la-Madeleine, par Briouze.	36 »	24 »

(1) Exceptionnellement ces billets sont valables le *Jeudi* par les trains partant de PARIS depuis 5 heures du soir.

B — Billets d'aller et retour individuels valables pendant 33 jours

(Jour de la délivrance non compris)

	1re classe. fr. c.	2e classe. fr. c.
Bayeux. **Isigny-sur-Mer**. **Montebourg** et **Valognes**. **Cherbourg**. **Coutances**. **Port-Bail** — **Denneville** (halte). **Carteret** — **Barneville** (halte). **Granville**. **Montviron-Sartilly**. **La Gouesnière-Cancale**. **Saint-Malo-Saint-Servan** — Paramé, Rothéneuf. **Dinard** — Saint-Enogat, Saint-Lunaire, Saint-Briac, Lancieux.	56 »	37 50
Plancoët — La Garde-Saint-Cast, Saint-Jacut-de-la-Mer.	56 »	37 80
Lamballe — Pléneuf, Le Val-André, Erquy.	57 50	38 85
St-Brieuc — Portrieux, St-Quay.	60 20	40 65
Lannion — Perros-Guirec.	70 »	47 25
Morlaix — Saint-Jean-du-Doigt, Plougasnou-Primel.	72 15	48 70
Landerneau, Brignogan.	77 55	52 35
Brest	80 10	54 05
Paimpol	69 20	46 70
Saint-Pol-de-Léon	75 »	50 60
Roscoff — Ile de Batz.	75 95	51 25
Saint-Nazaire	59 70	40 30

Nota. — *Les prix ci-dessus ne s'appliquent qu'au parcours en chemin de fer.*

Abonnements dits « de Bains de Mer et d'Eaux thermales » mensuels ou trimestriels

(1er Mai au 31 Octobre)

Comportant une réduction de 40 °/° sur les prix des abonnements ordinaires de même durée.

Ces cartes d'abonnement sont délivrées par toutes les Gares de grandes lignes du réseau de l'Ouest, pour les parcours d'au moins 25 kilomètres, à toute personne qui prend trois billets au moins pour des membres de sa famille, ou domestiques, allant séjourner sous le même toit, dans une des stations balnéaires ou thermales dénommées ci-dessus. — La demande des billets et de la carte d'abonnement doit être adressée à la Gare de départ au moins cinq jours à l'avance.

CHEMIN DE FER DU NORD

Saison des bains de mer. — Billets à prix réduits.

Pendant la Saison, **du 1er mai au 15 octobre**, *toutes les gares du Chemin de fer du Nord* délivrent des billets de Bains de mer de 1re, 2e et 3e classe à destination des stations balnéaires suivantes : BERCK (station du chemin de fer d'intérêt local) *viâ* Rang-du-Fliers-Verton, BOULOGNE (Le Portel), CALAIS, CAYEUX (station du chemin de fer d'intérêt local) *viâ* Saint-Valery, QUEND-FORT-MAHON (plages de Fort-Mahon et de St-Quentin), CONCHIL-LE-TEMPLE (Fort-Mahon), DANNES-CAMIERS (Plages Ste-Cécile et St-Gabriel), DUNKERQUE (plages de Malo-les-Bains et Rosendaël), ETAPLES (Paris-Plage), EU (plages du Bourg-d'Ault et d'Onival), GRAVELINES (Pt-Ft-Philippe), GHYVELDE (Bray-Dunes), LE CROTOY (station du chemin de fer d'intérêt local) *viâ* Noyelles, LE TREPORT-MERS, LOON-PLAGE, MARQUISE-RINXENT (plages de Wissant), St-VALERY-SUR-SOMME, WIMILLE-WIMEREUX (Wimereux, Audresselles et Ambleteuse).

Il existe trois catégories de billets, savoir :

1° **Billets de saison** de 1re, 2e et 3e classe, valables pendant 33 jours, non compris le jour de l'émission, sous condition d'effectuer un parcours minimum de 100 kil. aller et retour. Ces billets, créés pour les familles, sont *nominatifs et collectifs*. Il est accordé une *réduction de* 50 0/0 à chaque membre de la famille en plus du troisième. Les billets dont il s'agit doivent être demandés au moins 4 jours à l'avance à la gare où le voyage doit être commencé.

2° **Billets hebdomadaires** de 1re, 2e et 3e classe, valables pendant 5 jours, du vendredi au mardi et de l'avant-veille au surlendemain des fêtes légales. Ces billets sont individuels. Les prix varient selon la distance et présentent des *réductions de 25 à 40 0/0*.

3° **Billets d'excursion** de 2e et 3e classe, les dimanches et jours de fêtes légales, valables pendant une journée. Ces billets sont ou individuels ou de famille. — Les prix réduits des billets individuels sont indiqués dans le tableau ci-dessous. — Pour les *familles* (ascendants et descendants), il est accordé une nouvelle réduction sur le prix des billets individuels, allant de 5 à 25 0/0, selon que la famille se compose de 2, 3, 4, 5 personnes et plus.

Les billets de saison et les billets hebdomadaires sont valables dans les mêmes trains et aux mêmes conditions que les billets ordinaires du service intérieur.

Les billets d'excursion ne sont valables que dans des **trains spéciaux** *ou dans des* **trains du service ordinaire** *désignés à cet effet par la Compagnie.*

Les prix au départ de Paris pour les 3 catégories sont les suivants :

Prix des billets de Saison, hebdomadaires et d'excursion

DE PARIS AUX Stations balnéaires CI-DESSOUS	Billets de saison collectifs de famille VALABLES PENDANT 33 JOURS						BILLETS HEBDOMADAIRES PRIX PAR PERSONNE (1)			BILLETS d'excursions PRIX par personne (1)	
	Prix pour 3 personnes (1)			Prix pour chaque personne en plus							
	1re cl.	2e cl.	3e cl.	1re cl.	2e cl.	3e cl.	1re cl.	2e cl.	3e cl.	2e cl.	3e cl.
Berck	149 40	101 40	66 80	25 60	17 45	11 45	31 »	24 15	17 »	11 15	7 35
Boulogne (ville)	170 70	115 20	75 »	28 45	19 20	12 50	34 »	25 70	18 90	11 10	7 30
Calais (ville)	198 30	133 80	87 30	33 05	22 30	14 55	37 90	29 »	21 85	12 35	8 10
Cayeux	137 55	93 60	61 20	24 »	16 45	10 80	29 30	23 05	15 25	11 »	7 25
Quend-Fort-Mahon	137 70	93 »	60 60	22 95	15 50	10 10	28 30	22 15	15 45	9 60	6 25
Conchil-le-Temple	140 40	94 80	61 80	23 40	15 80	10 30	28 80	22 50	15 75	9 75	6 35
Dannes-Camiers	157 20	106 20	69 30	26 20	17 70	11 55	31 70	24 40	17 50	10 50	6 85
Dunkerque	204 90	138 30	90 30	34 15	23 05	15 05	38 85	29 95	22 60	12 50	8 20
Étaples	152 40	102 90	67 20	25 40	17 15	11 20	30 90	23 95	17 »	10 35	6 75
Eu	120 90	81 60	58 10	20 15	13 60	8 85	25 40	20 10	13 70	8 85	5 75
Gravelines	204 90	138 30	90 30	34 15	23 05	15 05	38 85	29 95	22 60	12 50	8 20
Ghyvelde	213 »	140 70	93 60	35 50	23 95	15 60	39 95	31 15	23 40	12 80	8 30
Le Crotoy	131 25	89 10	58 20	22 60	15 40	10 10	27 90	21 95	15 15	10 25	6 75
Le Tréport-Mers	123 »	88 10	54 »	20 50	13 85	9 »	25 75	20 35	10 90	9 »	5 85
Loon-Plage	204 30	138 »	90 »	34 05	23 »	15 »	38 75	29 90	22 50	12 50	8 20
Marquise-Rinxent	181 50	122 40	79 80	30 25	20 40	13 30	35 50	26 75	20 »	11 60	7 60
St-Valery-sur-Somme	131 10	88 50	57 60	21 85	14 75	9 60	27 15	21 35	14 75	9 30	6 05
Wimille-Wimereux	174 60	117 90	76 80	29 10	19 65	12 80	34 55	26 10	19 30	11 25	7 40

CHEMIN DE FER DU NORD

Paris à Londres

4 Services rapides quotidiens dans chaque sens viâ CALAIS ou BOULOGNE
Durée du trajet 7 h.; Traversée maritime en 1 h.; Trajet de 3 h. plus court que par toute autre voie.

Paris à Londres

	1re, 2e classe matin	1re, 2e classe matin	1re, 2e classe matin	1re 2e 3e classe soir
Paris.........dép.	9 »	10 30	11 50	9 »
Londres..... arr.	4 50 soir	6 » soir	7 30 soir	5 45 matin

Londres à Paris

	1re, 2e classe matin	1re, 2e classe matin	1re, 2e classe matin	1re 2e 3e classe soir
Londres, dép....	9 »	10 »	11 »	8 15
Paris......... arr.	4 45 soir	5 40 soir	7 » soir	5 38 matin

Services officiels de la poste viâ Calais, assurés chaque jour par 3 express ou rapides dans chaque sens, partant respectivement de Paris–Nord à 8 heures et 11 h. 50 matin, et 9 heures soir.

Les lettres remises à la boite à la gare du Nord avant 11 h. 35 du matin partent à 11 h. 50 et sont distribuées le *soir même* à Londres. — Celles remises avant 9 heures du soir sont distribuées le lendemain matin à Londres à 4 h. 45 (1re distribution).

Malle des Indes, toutes les semaines à l'aller et au retour.

Peninsular Express, toutes les semaines de Londres à Brindisi par Calais et Modane.

PRIX DES BILLETS ENTRE PARIS ET LONDRES

DIRECTIONS	BILLETS SIMPLES valables pendant 7 jours			BILLETS D'ALLER ET RETOUR valables pendant 1 mois soit par Boulogne, soit par Calais		
	1re classe	2e classe	3e classe	1re classe	2e classe	3e classe
Amiens, Boulogne, Folkestone.	68 fr. 65	49 fr. 85	29 fr. 95	110 fr. 90	85 fr. 25	52 fr. 50
Amiens, Calais, Douvres.	74 fr. 75	54 fr. 35	33 fr. 35			
Amiens, Boulogne, Folkestone.	»	»	»	104 fr. 70	80 fr. 10	48 fr. 25

Pour droit de timbre, 0 fr. 10 pour les billets au-dessus de 10 francs.

Paris, Bruxelles et la Hollande

5 Express dans chaque sens entre Paris et Bruxelles. Trajet en 5 heures. — 3 Express dans chaque sens entre Paris et Amsterdam. Trajet en 10 heures.

Paris vers Bruxelles et la Hollande

	1re, 2e classe matin	1re, 2e classe	1re, 2e classe soir	1re classe soir	1re, 2e classe soir
Paris....dép..	8 20	midi40	3 50	6 20	11 05
Bruxelles, ar.	1 38	5 56	10 16	11 17	8 14
Amsterdam, a.	6 59 soir	11 27 soir	»	»	11 40 matin

La Hollande et Bruxelles vers Paris

	1re classe matin	1re 2e 3e classe matin	1re, 2e classe matin	1re, 2e classe soir	1re, 2e classe soir
Amsterdam, d.	»	»	7 20	midi30	6 15
Bruxelles, dép.	7 48	8 57	1 01	6 04	min.15
Paris... arr..	midi49	8 51 soir	6 » soir	11 17 soir	5 50 matin

Paris, l'Allemagne et la Russie

5 express sur Cologne. Trajet en 8 h. — 4 express sur Francfort-sur-Mein. Trajet en 12 heures. — 4 express sur Berlin. Trajet en 19 h.

ÉTÉ. — 2 Express sur Saint-Pétersbourg. Trajet en 54 heures. — 2 express sur Moscou. Trajet en 61 heures.

HIVER. — 2 Express sur Saint-Pétersbourg. Trajet en 54 heures. — 2 Express sur Moscou. Trajet en 67 heures.

Paris, le Danemark, la Suède et la Norvège

2 Express sur Copenhague. Trajet en 30 heures. — 2 express sur Christiania. Trajet en 45 heures.

ÉTÉ. — 2 Express sur Stockholm. Trajet en 47 heures.
HIVER. — 2 Express sur Stockholm. Trajet en 47 heures.

CHEMIN DE FER DE PARIS A ORLÉANS

BAINS DE MER DE L'OCÉAN

BILLETS D'ALLER ET RETOUR A PRIX RÉDUITS

VALABLES PENDANT 33 JOURS

Du 1er Mai au 31 Octobre il est délivré des BILLETS ALLER ET RETOUR de toutes classes, à prix réduits, par toutes les gares du réseau pour les stations balnéaires ci-après :

St-Nazaire.— **Pornichet** (Sainte-Marguerite). — **Escoublac-la-Baule.** — **Le Pouliguen.** —**Batz.**— **Le Croisic.**— **Guérande.**—**Vannes** (Port-Navalo, Saint-Gildas-de-Ruiz). — **Plouharnel-Carnac.** — **St-Pierre-Quiberon.** — **Quiberon** (Belle-Isle-en-Mer). —**Lorient** (Port-Louis, Larmor). — **Quimperlé** (Pouldu). — **Concarneau** (Beg-Meil, Fouesnant). — **Quimper** (Benodet). — **Pont-l'Abbé** (Langoz, Loctudy). — **Douarnenez** — **Châteaulin** (Pentrey, Crozon, Morgat).

SAISON THERMALE DE 1896

DE PARIS AU MONT-DORE ET A LA BOURBOULE

Durée du Trajet : 11 h. à l'Aller et au Retour.

Un double service direct par train express de jour et de nuit est organisé entre PARIS et LAQUEUILLE, par Montluçon et Eygurande, pour desservir les stations thermales du MONT-DORE et de LA BOURBOULE.

Les trains comprennent des voitures de toutes classes et habituellement des places de lits-toilette au départ de Paris et de Laqueuille.

Prix des places, y compris le trajet dans le service de correspondance de **Laqueuille au Mont-Dore et à la Bourboule**, et *vice versâ* :

1re classe, **53** fr. **90**. — 2e classe, **36** fr. **85** — 3e classe, **23** fr. **75**

Du **MONT-DORE** et de **LA BOURBOULE**
à **ROYAT** et **CLERMONT-FERRAND** et vice versâ
Billets d'aller et retour à prix réduits, valables pendant 3 jours.

BILLETS D'ALLER ET RETOUR DE FAMILLE

POUR LES STATIONS THERMALES DE

Chamblet-Néris (**NÉRIS**), **EVAUX-les-BAINS**, Moulins (**BOURBON-L'ARCHAMBAULT**), Laqueuille (**LA BOURBOULE** et le **MONT-DORE**), **ROYAT**, Rocamadour (**MIERS**), **VIC-SUR-CÈRE.**

Réduction de **50** 0/0 *pour chaque membre de la famille en plus du deuxième.*

Il est délivré, du 15 Mai au 15 Septembre, dans toutes les gares du réseau d'Orléans, sous condition d'effectuer un parcours minimum de 300 kilomètres (aller et retour compris), aux familles d'au moins trois personnes payant place entière et voyageant ensemble, des **Billets d'Aller et Retour** collectifs de 1re, 2e et 3e classes pour les stations ci-dessus indiquées. — Les Billets sont établis par l'itinéraire à la convenance du Public; l'itinéraire peut n'être pas le même à l'Aller et au Retour. — Le prix s'obtient en ajoutant au prix de quatre billets simples ordinaires le prix d'un de ces Billets pour chaque membre de la famille en plus de deux. — *Durée de validité* : **30 jours**, *non compris le jour du départ.*

BILLETS DE FAMILLE

Des Billets de famille de 1re, 2e et 3e classe, comportant une réduction de **20 à 40 0/0**, suivant le nombre des personnes, sont délivrés toute l'année, à toutes les gares du réseau d'Orléans, pour les stations thermales, hivernales et balnéaires du Midi, ci-après désignées, sous condition d'effectuer un parcours minimum de 300 kilomètres (aller et retour compris) :

Alet, Arcachon, Argelès-Gazost, Ax-les-Thermes, Bagnères-de-Bigorre, Bagnères-de-Luchon, Balaruc-les-Bains, Banyuls-sur-Mer, Biarritz, Boulou-Perthus (le), Cambo-Ville, Capvern, Céret (Amélie-les-Bains, La Preste, etc.), **Couiza-Montazels, Dax, Guéthary** (*halte*), **Hendaye, Laluque** (Préchacq-les-Bains), **Lamalou-les-Bains, Lannemezan** (Cadéac, Vieille-Aure), **Laruns** (Les Eaux-Bonnes, Les Eaux-Chaudes), **Lourdes, Oloron-Sainte-Marie** (St-Christau), **Pau, Pierrefitte-Nestalas** (Barèges, Cauterets, Luz, Saint-Sauveur), **Prades** (Le Vernet et Molitg), **Quillan** (Ginoles, Carcanières, Escouloubre, Usson-les-Bains), **Saint-Girons** (Aulus), **Saint-Jean-de-Luz, Saint-Flour** (Chaudes-Aigues), **Salies-de-Béarn, Salies-du-Salat et Ussat-les-Bains.**

DURÉE DE VALIDITÉ : 33 JOURS

NON COMPRIS LES JOURS DE DÉPART ET D'ARRIVÉE

LES BILLETS DOIVENT ÊTRE DEMANDÉS A L'AVANCE

Envoi de Prospectus détaillés et de Livrets de voyages circulaires, etc., sur demande.
Adresser les demandes à l'Administration centrale, 1, place Valhubert, Paris.

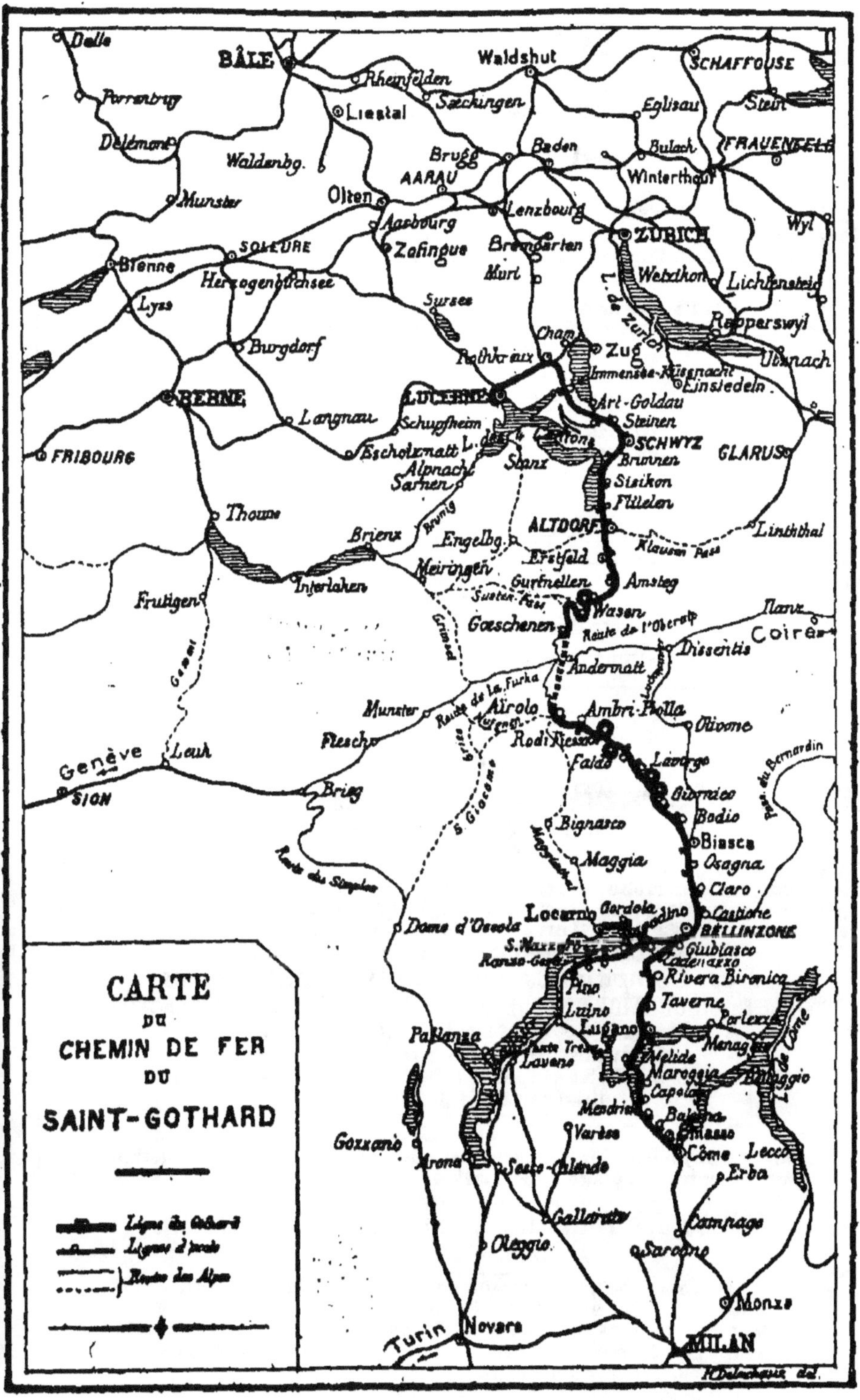
CARTE
DU
CHEMIN DE FER
DU
SAINT-GOTHARD
Delle
BÂLE
Porrentruy
Delémont
Rheinfelden
Säckingen
Liestal
Waldshut
SCHAFFOUSE
Eglisau
Stein
Bulach
FRAUENFELD
Baden
Brugg
AARAU
Winterthour
Waldenbg.
Munster
Olten
Aarbourg
Lenzbourg
ZURICH
Wyl
Zofingue
Bremgarten
SOLEURE
Bienne
Herzogenbuchsee
Muri
L. de Zurich
Wetzikon
Lichtensteig
Lyss
Sursee
Rapperswyl
Burgdorf
Cham
Zug
Uznach
Rothkreuz
Einsiedeln
LUCERNE
BERNE
Art-Goldau
Langnau
Schupfheim
Steinen
SCHWYZ
GLARUS
FRIBOURG
Escholzmatt
Alpnach
Sarnen
Stanz
Brunnen
Sisikon
Fluelen
Thoune
ALTDORF
Linththal
Brienz
Brunig
Engelbg.
Erstfeld
Klausen Pass
Meiringen
Gurtnellen
Amsteg
Interlaken
Frutigen
Susten Pass
Wasen
Grimsel
Goeschenen
Route de l'Oberalp
Ilanz
Coire
Dissentis
Andermatt
Route de la Furka
Munster
Airolo
Ambri-Piotta
Olivone
Fiesch
Rodi Fiesso
Genève
Leuk
Faido
Lavorgo
Pass. du Bernardin
SION
Brieg
Giornico
Bodio
Bignasco
S. Giacomo
Biasca
Route du Simplon
Maggia
Osogna
Claro
Locarno
Gordola
Castione
Domo d'Ossola
BELLINZONE
Giubiasco
Cadenazzo
Rivera Bironico
Pino
Taverne
Luino
Lugano
Porlezza
Pallanza
Laveno
Menaggio
Melide
Maroggia
Bellaggio
Capolago
L. de Côme
Mendrisio
Balerna
Chiasso
Varèse
Gozzano
Côme
Lecco
Arona
Sesto-Calende
Erba
Gallarate
Camnago
Oleggio
Saronno
Monza
Turin
Novare
MILAN

PAQUEBOTS-POSTE ANGLAIS
POUR
LE BRÉSIL, LA PLATA, LES ANTILLES
LE VENEZUELA, LA COLOMBIE & LE PACIFIQUE

LIGNE DU BRÉSIL ET DE LA PLATA

Les Steamers de la Compagnie partent de **Southampton** tous les **deux Vendredis** touchent à **Cherbourg** le soir même, et font escale à **Lisbonne** le lundi suivant pour l'embarquement de la malle et des passagers; les escales suivantes son **Pernambuco, Bahia, Rio de Janeiro, Montevideo** et **Buenos-Ayres.** Les passagers peuvent également pendant la saison prendre des billets pour **Valparaiso**, *viâ* **Buenos-Ayres** et le **Chemin de fer des Andes.**

LIGNE DES ANTILLES ET DU PACIFIQUE

Les Steamers de la Compagnie partent de Southampton tous les **deux Mercredis**: les escales principales sont **la Barbade, Jacmel, Kingston (Jamaïque), Colon, Savanilla** et **Port-Limon.** A la Barbade, des Steamers annexes spécialement aménagés pour le climat des Antilles, desservent **Trinidad, Demerara**, le **Venezuela**, la **Colombie**, la **Martinique**, la **Guadeloupe. Saint-Thomas**, etc. A **Colon** le transit des passagers se fait par le **Chemin de fer de Panama** et la correspondance pour le **Pacifique** se fait à **Panama** par les Steamers de la **Pacific Steam Navigation Company** ou ceux de la **Compañia Sud Americana de Vapores** pour la **Colombie**, l'**Equateur**, le **Pérou**, la **Bolivie** et le **Chili** et par ceux de la **Pacific Mail Steam Ship Company** pour le **Costa Rica**, le **San Salvador**, le **Guatemala**, le **Honduras**, le **Mexique** et **San Francisco.**

La cuisine, les vins et le service sont l'objet des plus grands soins.

Pour tous renseignements sur fret, passages, etc., s'adresser :

Au siège de la Compagnie, à **LONDRES**, 18, Moorgate Street, E. C., et 29, Cockspur St., S. W.; 9, Albert Square, **MANCHESTER**; 5, Fenwick Street, **LIVERPOOL**, and **SOUTHAMPTON**; à MM. Geo Dunlop et Ce, à **PARIS**, 38, avenue de l'Opéra; à MM. Marcel et Ce, au **HAVRE**; à M. H. Binder, à **HAMBOURG**; à MM. Huger et Ce, à **ANVERS**; à M. J.-L. Michaelis, à **BRÊME**.

II. — ANNONCES PARISIENNES

EAU

PATE

& POUDRES

DENTIFRICES

Marque de fabrique.

DU

DOCTEUR

PIERRE

DE LA FACULTÉ DE MÉDECINE DE PARIS

EN VENTE PARTOUT

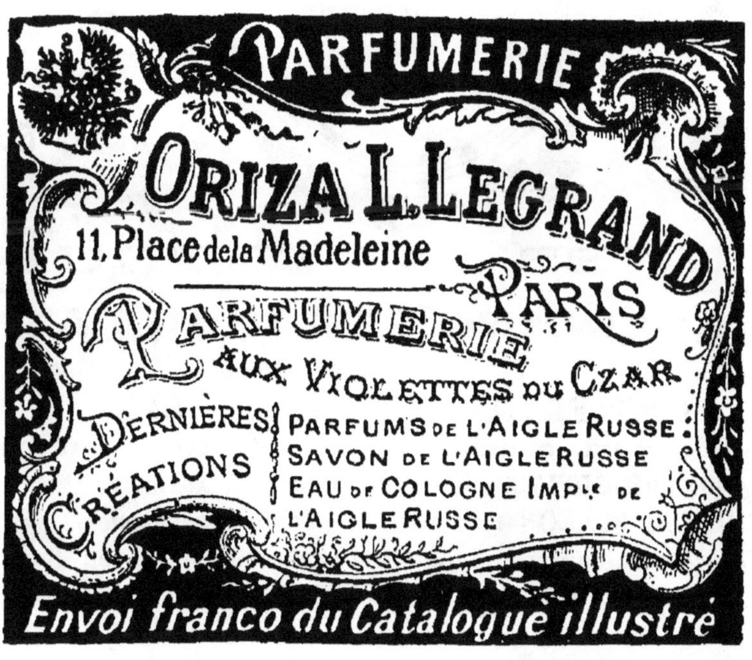

MAISON TOY

6, rue Halévy, 6

PLACE DE L'OPÉRA, PARIS

DÉPOT SPÉCIAL DE MINTON

SERVICES DE TABLE

Porcelaines, Cristaux et Faïences

VEILLEUSES FRANÇAISES

FABRIQUE A LA GARE

MAISON JEUNET, fondée en 1838

JEUNET FILS

SUCCESSEUR DE SON PÈRE

Toutes nos boîtes

portent en timbre sec

JEUNET INVENTEUR

JUGLANDINE FERROUILLAT

IODO-GLYCÉROPHOSPHO-FERRÉE

FORTIFIANT INCOMPARABLE

Au juglans regia, quassia, quinium et citrus aurantium

TONIQUE, STOMACHIQUE, RECONSTITUANTE, APÉRITIVE

PRIX DU FLACON : **5 francs.** (*Toutes pharmacies.*)

Envoi franco gare contre mandat-poste même pour un seul flacon.

DÉPOT : **Pharmacie du Châtelet,** RUE DE RIVOLI, 35, PARIS

(*Notice gratis.*)

Expositions universelles Paris 1878 et 1889
MÉDAILLES D'OR

1894

Anvers.— Diplôme d'honneur, 2 médailles d'or et 2 médailles d'argent.
Lyon.— Médailles d'or et d'argent.

L. BEAUME

Avenue de la Reine, 66, à BOULOGNE (près Paris)

MAISON FONDÉE EN 1860

Moulin à vent l'ÉCLIPSE, pour élévation d'eau, le plus apprécié pour sa désorientation automatique, le mettant à l'abri des vents impétueux.

POMPES A BRAS

Fonctionnement garanti jusqu'à 50 m. de profondeur.

POMPES A MANÈGE

POMPES ET APPAREILS D'ARROSAGE

POMPES A VIN

POMPES ET TONNEAUX A PURIN

POMPES D'ÉPUISEMENT

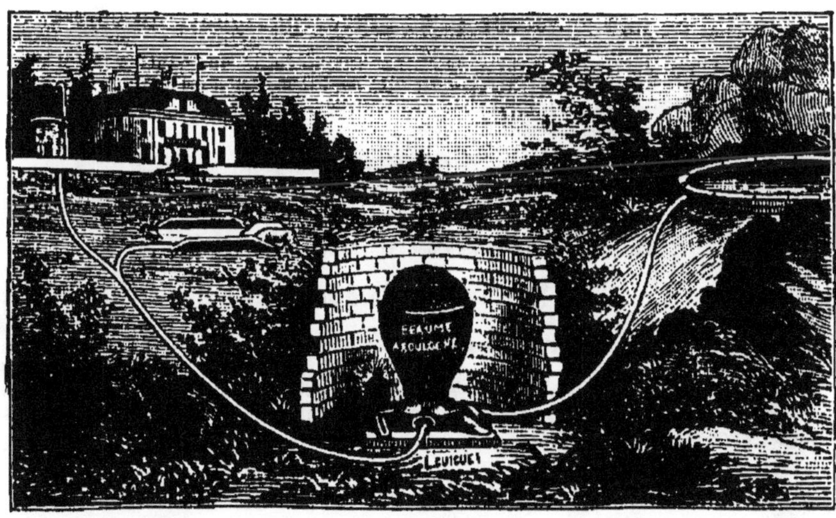

Bélier hydraulique à fonctionnement automatique.

ENVOI DES CATALOGUES SUR DEMANDE

ÉMULSION JACKSON

A L'HUILE DE FOIE DE MORUE PURE

ET AU

GLYCÉROPHOSPHATE DE CHAUX

Aucune médication similaire ne peut être comparée à notre Émulsion, tant à cause de sa grande efficacité que par la facilité vraiment remarquable avec laquelle elle permet, même aux estomacs les plus délicats, d'accepter et de tolérer un médicament dont le nom seul inspire à certaines personnes une vive appréhension et une insurmontable répugnance.

Non seulement nous sommes parvenus à émulsionner l'huile de foie de morue au point d'en faire une véritable crème, agréable à l'œil et au goût, mais nous en avons fait une médication plus efficace que l'huile de foie de morue elle-même.

En effet, l'Émulsion Jackson se distingue par le précieux avantage de renfermer, à des doses normales, du **glycérophosphate de chaux**, sel qui fait partie intégrante de notre système osseux, ainsi que de nos tissus musculaires et aux propriétés duquel le monde médical donne aujourd'hui la préférence.

Ainsi présentée, cette médication possède une haute valeur thérapeutique.

L'Émulsion Jackson comprend deux préparations différentes :

1° ÉMULSION JACKSON

à l'huile de foie de morue et au glycérophosphate de chaux.

Cette Émulsion est spécialement destinée aux enfants ou adultes atteints de *débilité générale*, de *rachitisme*, de *scrofule*, de *cachexies* ou d'*affections pulmonaires simples*, telles que *toux*, *bronchites*, etc.

Prix du 1/2 flacon, 2 fr. 25. — Le flacon, 4 francs.

2° ÉMULSION JACKSON

à l'huile de foie de morue

Glycérophosphate de chaux et créosote (carbonate de créosote).

L'Émulsion créosotée est plus spécialement destinée à combattre les *affections chroniques de la poitrine et des bronches*, telles que : *rhumes invétérés*, *laryngites*, *phtisies*, *bronchites chroniques*, *tuberculose*, *catarrhes*, etc.

Prix de l'Émulsion *Jackson créosotée* : le 1/2 flacon. 2 fr. 75 ; le flacon. . . 5 fr. »

Dépôt dans toutes les bonnes Pharmacies.

HOTELS ET RESTAURANTS (*Suite*)

III. — FRANCE, classée par ordre alphabétique de localités.

AIX-LES-BAINS (Savoie)

GRAND HOTEL DE L'EUROPE

OUVERT TOUTE L'ANNÉE

BERNASCON

Maison de premier ordre, admirablement située **près de l'Etablissement Thermal et des Casinos**. —250 chambres et 25 salons. — Chalets pour familles. — Vue splendide du Lac et des Montagnes. — **Beau Jardin et Parc d'agrément.** — **Ascenseur**. — Vaste salle à manger. — Excellente cuisine. — En un mot, cet Hôtel ne laisse rien à désirer pour la satisfaction des familles.

Equipages, écuries et remises. — Omnibus à tous les trains.

Cette maison fut choisie, en 1883, pour le séjour de **S. A. R. la Princesse Béatrix**, qui y revint faire une saison, en 1885 et en 1886, avec **S. M. la reine d'Angleterre.**

GRAND HOTEL D'AIX

ASCENSEUR

E. GUIBERT, Propriétaire.

HOTEL-PENSION DAMESIN

ET CONTINENTAL

Cet Hôtel est dans une *excellente situation*, à proximité de l'*Etablissement Thermal* et de la Gare, en face du Jardin public.—Vue splendide. — Grand jardin, Salon, Billard et Fumoir. — *Omnibus de l'hôtel à tous les trains.* — Ouvert toute l'année. — Pension depuis 8 fr. par jour.

A. DAMESIN, Propriétaire,
Ex-gérant de l'*Hôtel Stanislas*, à Monaco.

HOTEL LARTISIEN ET DU MONT-BLANC

AVENUE DE MARLIOZ

Nouvellement restauré et entièrement agrandi. — Situé à proximité du Casino et de l'Etablissement. — **Magnifique jardin.** — **Vue merveilleuse.** — *Prix modérés.*

LARTISIEN, Propriétaire
(Anciennement passage de la Madeleine, à Paris.)

GRAND HOTEL DU LOUVRE

PREMIER ORDRE

Pension depuis 9 fr. par jour, vin compris. — **Ascenseur.** — *Omnibus. — Prix modérés.*

ALET

Source COMMUNALE

Maladies de l'estomac, — du foie, de la vessie.

Vomissements des femmes enceintes.

Fièvres des pays chauds.

Anémie. — Convalescences.

Paris, Médailles Or, Argent

L'Eau d'ALET (Aude) est tolérée par les estomacs les plus délicats.

ALLEVARD-LES-BAINS

GRAND HOTEL DU LOUVRE

LIGNE DE GRENOBLE A CHAMBÉRY

Tramway à vapeur de la gare de Pontcharra à Allevard

Omnibus de l'Hôtel en gare d'Allevard

La plus belle situation. — Le seul ayant un immense parc particulier attenant à celui de l'Etablissement. — *Le plus vaste et le plus confortable.*

SALVAIN PAUL, directeur.

EN HIVER : *Grand Hôtel du Parc*, à Hyères-les-Palmiers (Var).

ARRANGEMENTS POUR FAMILLES

AMÉLIE-LES-BAINS

HOTEL MARTINET

A une minute des Thermes

Vue magnifique sur le Parc et la Montagne. — Ancienne réputation.

Prix : 6 fr. par jour. — Pension : 5 fr. 50

ÉCLAIRAGE ÉLECTRIQUE

MARTINET

AMÉLIE-LES-BAINS

LE MEILLEUR CLIMAT DE FRANCE

PLUS DOUX QUE LES CLIMATS DE NICE ET DE MENTON

REFUGE D'HIVER TRÈS ABRITÉ

Moins irritant que les bords de la Méditerranée.

Eaux sulfurées, sodiques, très renommées, très efficaces, contre toutes les affections catarrhales, rhumatismales et dartreuses. — Bains, Douches, Inhalations, Pulvérisations. — *Seule Station sulfureuse d'hiver.*

CASINO OUVERT TOUTE L'ANNÉE

Éclairage électrique. — Amélie-les-Bains est la **Station la plus confortable au point de vue : vie matérielle, et, de beaucoup, la moins chère de France.**

La moyenne de la vie, chambre et nourriture, vin compris, est, dans les meilleurs hôtels, de 5 fr. 50 à 6 fr. 50 par jour. — La table est toujours abondante et généralement très bonne.

Maisons meublées pour familles, bien installées et bien exposées au soleil. — Eglise catholique. — Temple de l'Eglise réformée.

Promenades. — Excursions.

ANNECY

GRAND HOTEL D'ANGLETERRE

MAISON DE PREMIER ORDRE — POSTE ET TÉLÉGRAPHE A L'HOTEL

Gorges du Fier
Station
De Lovagny

Chemin de fer
d'Aix-les-Bains
à Annecy

Succursales : Chalet-Restaurant à l'entrée des gorges du Fier et restaurant à bord du bateau-express : *le Mont-Blanc.*

ARCACHON

HOTEL LEGALLAIS

Ce magnifique établissement, au bord de la mer, en face de la plus belle plage, se recommande aux étrangers par son grand confort, une excellente cuisine et une cave de premier ordre, à des prix modérés. *Expéditions d'huîtres du* 15 *septembre au* 15 *mai. — Demander le tarif.*

GRAND HOTEL DES BAINS
CASINO

BIARRITZ

HOTEL BIARRITZ-SALINS

Ouverture : 1er *Avril* 1896.

Ce splendide établissement, entièrement neuf, communique avec les thermes salins par une passerelle couverte. Il est installé avec tout le confort moderne. — Table d'hôte, Restaurant, Billard. Ascenseur. — Lumière électrique. — Lawn-tennis, etc. — Deux Jardins bien ombragés. — Station de Tramway en face de l'hôtel, à cinq minutes de la grande plage. — *Prix modérés.* — A. **MOUSSIERE,**

PROPRIÉTÉ DE L'ETAT

BOURBON-L'ARCHAMBAULT

MAGNIFIQUE ÉTABLISSEMENT, AU CENTRE DE LA FRANCE

CASINO — THÉATRE — SALLES DE JEU

EXCURSIONS VARIÉES

Docteur NOIR, *concessionnaire.*

BOURBONNE-LES-BAINS (Haute-Marne)

GRAND HOTEL DES THERMES

SUR LA PLACE DES BAINS

En face et **à moins de 10 mèt. de l'Établissement Thermal**

C'est dans cet Hôtel que sont descendues en 1893

Leurs Altesses Royales Mesdames les Princesses d'Orléans.

Premier ordre. — Salle à manger de 200 couverts. — 120 chambres et appartements. — **Villas.** — Parc et jardins. — Gymnase. — **Lawn-tennis.**

English spoken. — *Prix modérés.* — Ve **BRACONNIER**, Propre.

SOURCE CHOUSSY-PERRIÈRE

SAISON DU 25 MAI AU 1er OCTOBRE

TROIS ÉTABLISSEMENTS COMPLETS — CASINOS — GRAND PARC

Anémie, lymphatisme, maladies de la peau et des voies respiratoires, diabète, rhumatismes, fièvres intermittentes.

Transportée, l'eau Choussy-Perrière se conserve indéfiniment.

Siège social, 30, rue Saint-Georges, Paris. — (Envoi de notices franco.)

LA BOURBOULE

GRAND HOTEL DE PARIS

Premier ordre, à proximité des Casinos et Etablissements de **bains.** — *Ascenseur.* — Eclairage électrique. — Téléphone. — **English sanitary arrangements.** — *Conditions avantageuses en juin et septembre.* — Mme **LEQUINE,** Propre.

(LANDES) **DAX** (LANDES)

STATION THERMALE & SALINE D'HIVER & D'ÉTÉ

Voir la page de garde au commencement du volume.

GD HOTEL DE LA PAIX & THERMES ROMAINS

Au centre de la ville, près la Fontaine Chaude, les Thermes Salins et le Casino. — Chambres et appartements confortables pour familles et touristes. — *Cuisine très soignée.* — Pension, petit déjeuner du matin, vin, service, *tout compris*, depuis 8 fr. par jour. — Arrangements pour familles.

Vve BARBE, Prop^re.

DIEPPE

GRAND HOTEL

SUR LA PLAGE, EN FACE DE LA MER

Établissement de premier ordre. — *Téléphone.* — **G. DUCOUDERT**, PROPRIÉTAIRE.

GRAND HOTEL DU GLOBE

Près la mer, le Casino et les Paquebots. — Recommandé aux familles pour son excellente tenue, sa table d'hôte renommée et sa cave de premier ordre. — 100 chambres. — Restaurant à la carte. — **Pension depuis 7 fr.** — *Omnibus à tous les trains.* — Interprètes. — Pas de surprise.

COURTEILLE, *Propriétaire.*

DIJON

HOTEL DE LA CLOCHE

150 CHAMBRES ET SALONS

EXPÉDITIONS DE VINS DE BOURGOGNE

Situation exceptionnelle

Place Darcy, DIJON, rue Devosge

Edmond GOISSET, propriétaire.

MARSEILLE

Grand Hôtel Noailles et Métropole

Rues Noailles et Cannebière prolongée

Hôtel de tout premier ordre, le plus grand et le mieux situé. — **Près de la gare et des Ports.** — Le seul ayant un grand jardin et jardin d'hiver réunis. — *Ascenseur.* — *Bains.* — *Téléphone* (relié à tous les réseaux). — Tarif dans chaque chambre. — **Prix très modérés.** — Réduction du 1er mai au 31 octobre.

Omnibus à tous les trains.

Même maison : Grand Hôtel de Russie et Continental, Genève (Suisse)

Adresse télégraphique : MÉTROPOLE—MARSEILLE

CHARLES RATHGEB, Nouveau Propriétaire

Gd Hôtel du Louvre et de la Paix

RÉPUTATION UNIVERSELLE

SUR LA CANNEBIÈRE

Entièrement remis à neuf

Le plus grand

Le plus confortable de Marseille

Service soigné. — Cuisine et cave renommées. — Unique hôtel situé en **plein midi** et **le seul** de Marseille avec lumière électrique dans toutes les chambres. — Prix modérés. — Chambres depuis 4 fr. — ASCENSEUR. — *Téléphone pour toute la France.* — 250 chambres et salons. — Interprètes et Omnibus à tous les trains et bateaux. — ADRESSE TÉLÉGRAPHIQUE : **Louvre-Paix**, Marseille.

L. ECHENARD-NEUSCHWANDER, Propr of the *Savoy-Hotel*, London.

GRAND HOTEL DES PHOCÉENS

Restaurant de premier ordre

MAISON SPÉCIALE POUR LA BOUILLABAISSE

Réputation européenne comme cuisine et cave. — Recommandé **aux familles et aux touristes.** — *Omnibus à tous les trains.*

Expéditions de la Bouillabaisse Isnard en boîte-panier.

J. ISNARD ET FILS, *Propriétaires.*

NASSIVET & Cie, NANTES

CONSTRUCTEURS-MÉCANICIENS

Machines à vapeur fixes, demi-fixes et locomobiles.—Machines locobatteuses. — Machines vannantes à grand travail.—Egreneuses à trèfle, etc.

Machines à vapeur Compound en tandem, comme ci-contre.

—

Envoi franco Catalogues industriels et agricoles illustrés.

40 0/0 d'économie.

NÉRIS-LES-BAINS

GRAND HOTEL LÉOPOLD

Le plus près de l'Etablissement thermal. — Nouvellement restauré et meublé. — Maison de premier ordre. — Table d'hôte. — Service particulier et à la carte. — Appartements et salons pour familles. — **Vaste jardin** attenant à l'hôtel. — *Omnibus particulier de l'hôtel* à la gare de Chamblet-Néris. — A. DUSSOUR, *Propriétaire.*

NÉRIS-LES-BAINS

GRAND HOTEL BERGER

Place des Thermes (Remis à neuf)

Recommandé tout spécialement pour son confortable et sa vie de famille. — Pension depuis 8 fr. par jour. — Arrangements pour les enfants.

Veuve LAVOCAT. *(Saison d'hiver : Pension de France, à Nice.)*

L'hôtel possède un établissement hydrothérapique dirigé par le Dr MAILLARD. — Traitement des affections nerveuses par les eaux de Néris **toute l'année.** — Prix spéciaux pour l'hiver. (Voir *Guide Auvergne.*)

NEVERS

GRAND HOTEL DE LA PAIX

Premier ordre. — En face de la gare. — Chambres et appartements très confortables pour familles. — Petit déjeuner, 1 fr.; déjeuner, 3 fr.; dîner, 3 fr. 50. — Chambres depuis 2 fr. — Cuisine très recommandée aux familles. — Location d'équipages en tous genres. — **FAUCONNIER**, *propriétaire.*

Manufacture de Faïences d'art de la Porte du Croux

La seule survivante des anciennes Fabriques nivernaises

A. MONTAGNON

Les Galeries artistiques et les Ateliers peuvent être visités à volonté.

Vente directe à la Fabrique.

PAU

G^{d} Hôtel Beauséjour

PREMIER ORDRE

Vue magnifique. — Prix modérés.-Pension.-*Lawn-tennis.* — Ascenseur Lift.

PAU

HOTEL CASTERA

7, RUE DE LA PRÉFECTURE, 7

Maison modeste, mais excellente. — Très bonne cuisine. — Prix : 6 fr. 50 par jour, tout compris, même le petit déjeuner du matin. — Pension.

CASTERA, Propriétaire.

VILLAS ET APPARTEMENTS A LOUER — PROPRIÉTÉS A VENDRE

Central Office BOURDILA

3, rue Saint-Louis, 3

En s'adressant à cette agence, la plus centrale et la plus avantageusement connue à Pau, MM. les Etrangers obtiendront des renseignements rigoureusement exacts.

TÉLÉGRAMME : BOURDILA — PAU

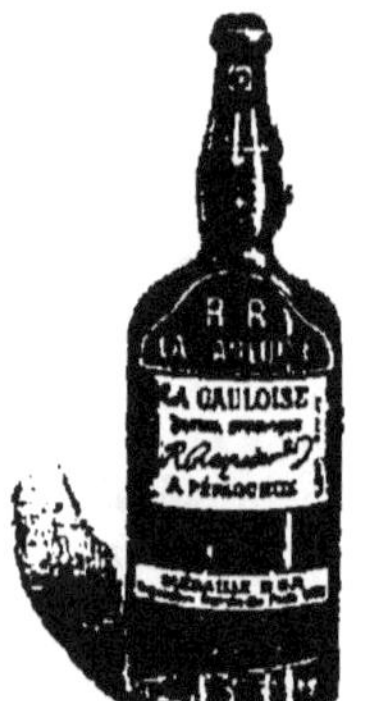

PÉRIGUEUX

LA GAULOISE

Liqueur hygiénique

MÉDAILLE D'OR

Exposition Universelle Paris 1889 — La plus haute Récompense

REQUIER Frères

PÉRIGUEUX

GRAND HOTEL DE FRANCE

House of first order newly decorated, very confortable. — The best and most central situation. — Private rooms and appartments for families. — **Truffled pies preserved truffle.** — *Expedition to foreing countries.* — Maison de premier ordre. — Très confortable. — Situation centrale. — **Pâtés de volailles truffées du Périgord.** — **Truffes conservées.** — Expédition à l'étranger. — *Omnibus à tous les trains.*

Ancienne maison F. GROJA. — **C. BUIS**, Successeur.

IV. — PAYS ÉTRANGERS

BELGIQUE — GRANDE-BRETAGNE — ALGÉRIE — ESPAGNE SUISSE

BRUXELLES

SOCIÉTÉ ANONYME

LE GRAND-HOTEL

CAPITAL : 1.500.000 FRANCS

Ed. DUBONNET, Administrateur-Directeur

L'hôtel vient d'être complètement restauré. — 250 Chambres et Salons. — Table d'hôte et Restaurant.— Café, Fumoir, Salon de conversation. — **Ascenseur.** — Bains, Café et Salle de billards. — Bureau de chemin de fer, Poste et Télégraphe, Cabine téléphonique, Eclairage électrique dans tous les appartements. — *Omnibus à tous les trains.* — **Chambre noire et Laboratoire de Photographie** sont à la disposition des voyageurs amateurs.

EAUX ET BAINS DE SPA (BELGIQUE)

GRAND HOTEL DE L'EUROPE

HENRARD RICHARD, Propriétaire

Maison de premier ordre, située entre les sources minérales, l'Etablissement des Bains et le Casino. — Arrangements pour familles. — *Salons d'agrément.* — *Vastes installations pour chevaux.*

Omnibus à l'arrivée de chaque train.

GRAND HOTEL DE BELLEVUE

MAISON DE PREMIER ORDRE

Magnifique situation sur la promenade, près l'Etablissement de Bains. — Jardin avec accès du parc. — *Omnibus à tous les trains.*

ROUMA, Propriétaire.

JERSEY SAINT-HÉLIER (ILES ANGLAISES DE LA MANCHE)

HOTEL DU CALVADOS ET DE LA PLACE ROYALE

COURBEBAISSE, Propriétaire. — Maison française près de la mer. — Prix, par jour, depuis 7 fr., chambre, déjeuner, cidre et service compris. — *Omnibus à l'arrivée de tous les bateaux.* — **ECURIES ALLIANCE, MAISON FAUVEL. — ED. HERSON, successeur.** — Seul établissement français, établi à Jersey depuis 30 ans. — Voitures d'excursions et particulières.

PRIX MODÉRÉS

ALGÉRIE

ALGER

Gd HOTEL DE LA RÉGENCE

Maison de premier ordre, situé en plein midi. — Vue magnifique sur la place du Gouvernement, sur la **Casbah** et sur les collines du Djurjura. — **Table d'hôte. — Salons de réception. — Fumoir. — Cour intérieure.** — *Omnibus à l'arrivée de tous les trains et des bateaux.* — Bains dans l'hôtel. — Cook's coupons accepted.

V. SUPPLÉMENT

Spécialités pharmaceutiques. — Vins. — Rhums. Liqueurs. — Chocolat Menier.

ANÉMIE, CHLOROSE

FER BRAVAIS donne au sang la rutilance et la vigueur qui lui manquent;

FER BRAVAIS est absorbé rapidement; on le retrouve 20 minutes après dans l'économie;

FER BRAVAIS est un puissant reconstituant pour les convalescents après une longue maladie;

FER BRAVAIS pris pendant l'allaitement, augmente la richesse du lait, ce qui donne la santé à la mère et des bébés superbes;

FER BRAVAIS est un puissant préservatif contre les maladies de poitrine. Il guérit : **Influenza, Fièvres typhoïdes, Choléra**, etc. Aussi est-il prescrit dans les hôpitaux. On le trouve partout. Vingt gouttes à chaque repas sur un morceau de sucre suffisent. *Dépense* **10** *centimes par jour.*

LA SAMARITAINE

SOLUTION DOSÉE AU BI-PHOSPHATE DE CHAUX PUR

RECONSTITUANT PAR EXCELLENCE. — *Recommandé aux enfants, nourrices, femmes enceintes, et en général à toutes les personnes anémiées.*

Le litre : 2 fr. 50

Le litre : 2 fr. 50

Dépôt général chez l'auteur : **E. VIGNAT, VALENCE** (Drôme)

Dépôt à Paris : **J. VERNE**, pharmacien, rue Saint-Paul, 32.

Dépôt à Lyon ; **DESMORLES**, pharmacien, rue de la Fromagerie.

Cette solution a obtenu **3 Diplômes d'honneur** *et* **5 Médailles d'or.**

EAU MINÉRALE NATURELLE

DE VALS-DÉLICIEUSES

A 1, 3, 6, 8 grammes de bicarbonates alcalins par litre.

Souveraine dans les maladies de l'**Estomac, Foie, Vessie, Gravelle, Diabète, Goutte, Albuminurie**, etc.

DOSE : UNE BOUTEILLE PAR JOUR

Chez tous les marchands d'eaux et pharmaciens

S'adresser, pour tous renseignements
au **Gérant des Délicieuses,** *à Vals* (*Ardèche*)

LIQUEUR DES DAMES

à Base d'Anémonine

Cette liqueur est recommandée à toutes les dames fatiguées par le sang, et pour prévenir toutes les maladies auxquelles les femmes et les jeunes filles sont exposées **périodiquement**, telles que **pertes douloureuses, suppressions, âge critique**, etc., etc.

Envoi franco de 1 flacon, contre mandat-poste de 3 francs adressé à **M. O. ENJOLRAS**, pharmacien à **Saint-Fons**, près Lyon (Rhône).

VINS DE VOUVRAY

NATURELS ET MOUSSEUX

CHALUT-VOIRY

RUE DES HALLES, 62, A TOURS

Et les grandes caves ROCHE-CORBON à VOUVRAY

MAISON FONDÉE EN 1775

Médaille d'Or, Exposition Paris, 1889 ; Diplôme d'honneur Anvers, 1894.

AMSTERDAM (Hollande)

CURAÇAO ET ANISETTE

de la Maison ERVEN LUCAS BOLS

Fabrique T. LOOTSJE, fondée en 1875, à Amsterdam.

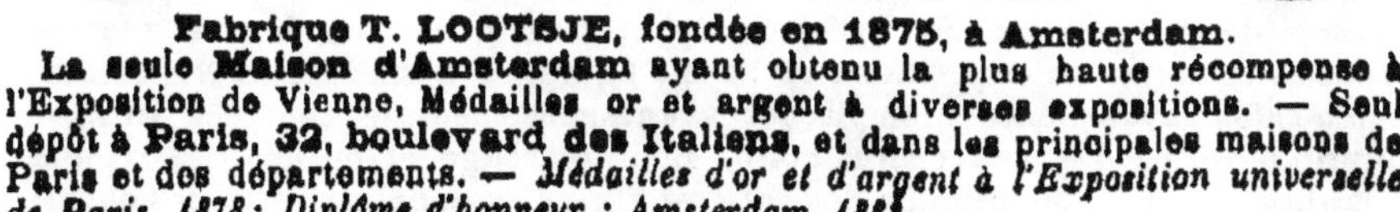

La seule Maison d'Amsterdam ayant obtenu la plus haute récompense à l'Exposition de Vienne, **Médailles or et argent à diverses expositions. — Seul dépôt à Paris, 32, boulevard des Italiens**, et dans les principales maisons de Paris et des départements. — *Médailles d'or et d'argent à l'Exposition universelle de Paris, 1878; Diplôme d'honneur : Amsterdam, 1883.*

Succoursales : Paris, 32, *boulevard des Italiens* (détail et dégustation). — Scheveningue, *Galerie*. — Montreux, *vis-à-vis du Kursaal*. — Berlin, 169, *Friedrichstrasse*. — Hambourg, *Ecke Grosse Johannesstrasse*. — Brême, 16a, *Sogestrasse*. — Bruxelles, *rue Losum*, 1. — Anvers, *Pont de Meir*, 1. — Londres, 81, *Great Tover street*. — Hanovre, 1, *Karmarschstrasse*.

AMER PICON

Cette boisson, connue aussi sous le nom d'Amer Africain, est extraite de plantes provenant du sol algérien, et se recommande par ses propriétés toniques et antifiévreuses.

Pris le matin à jeun ou avant le repas, étendu de quatre à cinq fois son volume d'eau, cet apéritif bienfaisant est devenu d'un usage général parmi les colons algériens qui trouvent dans son emploi un réparateur de leurs forces épuisées et un préservatif de la fièvre.

Cet Amer est fabriqué au moyen d'appareils de distillation à vapeur perfectionnés qui en permettent la vente à un prix très-modéré.

This beverage also known on name of African Amer is extracted from plants growing in Algeria and is recommanded for its tonic properties and its efficacy against fever.

Taken before meals, diluted with water (four or five times its quantity) it is in general use among the colonists of Algeria who find it an excellent restorative and a secure preservative from fever.

Being distilled by means of the most improved apparatus it can be supplied at an extremely moderate price.

MAISONS à BONE (Algérie), MARSEILLE, ROUEN, BORDEAUX

ENTREPÔTS à { PARIS et LYON
PHILIPPEVILLE, ALGER, ORAN, TUNIS

DÉPOSÉ

AMER PICON

G. PICON Père

Chevalier de la Légion d'honneur à la suite de l'Exposition Universelle, Paris 1878

---

32 Médailles et Récompenses diverses aux expositions.

A L'EXPOSITION UNIVERSELLE PARIS 1889 :

2 Médailles d'or (LA PLUS HAUTE RÉCOMPENSE)

PICON & Cie, SUCCESSEURS

MAISONS

—

BONE (Algérie)
MARSEILLE
ROUEN
BORDEAUX
PARIS

Se méfier des imitations vendues dans les bouteilles de la **Maison Picon.**

Les consommateurs devront demander un AMER PICON ou plus simplement un PICON.

ENTREPOTS

—

Philippeville
ALGER
ORAN
TUNIS
LYON

Exiger la Bouteille Authentique.

EAUX MINERALES NATURELLES ADMISES DANS LES HOPITAUX

SAINT-JEAN. Maux d'estomac, appétit, digestions.
PRÉCIEUSE. Bile, calculs, foie, gastralgie, gravelles.
RIGOLETTE. Appauvrissement du sang, débilités.
DÉSIRÉE. Constipation, coliques néphrétiques, calculs.
MAGDELEINE. Foie, reins, gravelle, diabète.
DOMINIQUE. Asthme, chloro-anémie, débilités.
IMPERATRICE. Estomac. Eau de table parfaite.

Trés agréables à boire Une bouteille par jour.

Société générale des **EAUX, VALS** (Ardèche)

DIRECTION : 4, RUE GREFFULHE, PARIS

SAINT-RAPHAËL

Éminemment tonique et digestif, ce vin est **d'un goût exquis.** Il convient à merveille aux jeunes femmes, aux enfants, **aux personnes âgées**; dans les anémies de tout ordre et les convalescences.

Il ne se vend qu'en bouteilles de 50 centilitres revêtues de la **Marque de Fabrique** ci-contre et du **Timbre de Garantie** de l'Union des Fabricants. Le **VIN de SAINT-RAPHAEL** a été l'objet de nombreuses et grossières contrefaçons. Pour être certain de son authenticité, il faut s'adresser à **Valence** (Drôme), à la **Compagnie du VIN de SAINT-RAPHAEL**, qui expédie, franco de port à partir de deux bouteilles, au prix de **3** fr. la bouteille, et des caissettes de 7 ou 12 bouteilles, au prix de **20** fr. et de **34** fr.

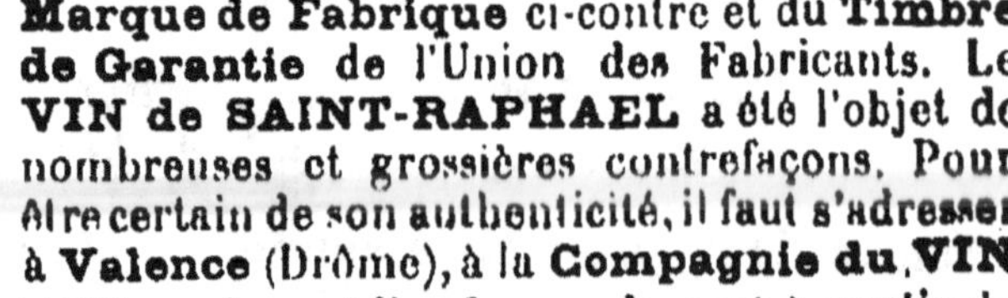

Agence : 4, rue Greffulhe, Paris.

www.ingramcontent.com/pod-product-compliance
Lightning Source LLC
Chambersburg PA
CBHW072350200326
41519CB00015B/3723

* 9 7 8 2 0 1 3 0 1 6 0 0 1 *